U0265784

PyTorch
深度学习简明实战

日月光华 / 著

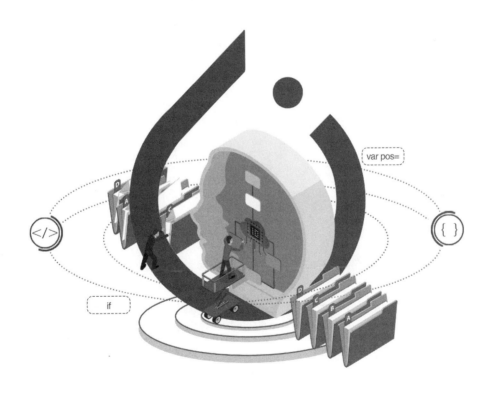

清华大学出版社
北京

内 容 简 介

本书针对深度学习及开源框架——PyTorch，采用简明的语言进行知识的讲解，注重实战。全书分为4篇，共19章。深度学习基础篇（第1章～第6章）包括 PyTorch 简介与安装、机器学习基础与线性回归、张量与数据类型、分类问题与多层感知器、多层感知器模型与模型训练、梯度下降法、反向传播算法与内置优化器。计算机视觉篇（第7章～第14章）包括计算机视觉与卷积神经网络、卷积入门实例、图像读取与模型保存、多分类问题与卷积模型的优化、迁移学习与数据增强、经典网络模型与特征提取、图像定位基础、图像语义分割。自然语言处理和序列篇（第15章～第17章）包括文本分类与词嵌入、循环神经网络与一维卷积神经网络、序列预测实例。生成对抗网络和目标检测篇（第18章～第19章）包括生成对抗网络、目标检测。

本书适合人工智能行业的软件工程师、对人工智能感兴趣的学生学习，同时也可作为深度学习的培训教程。

本书封面贴有清华大学出版社防伪标签，无标签者不得销售。

版权所有，侵权必究。举报：010-62782989，beiqinquan@tup.tsinghua.edu.cn。

图书在版编目（CIP）数据

PyTorch 深度学习简明实战 / 日月光华著. —北京：清华大学出版社，2022.10（2023.8 重印）
  ISBN 978-7-302-61984-0

Ⅰ. ①P…　Ⅱ. ①日…　Ⅲ. ①机器学习　Ⅳ. ①TP181

中国版本图书馆 CIP 数据核字（2022）第 176988 号

责任编辑：贾旭龙
封面设计：秦　丽
版式设计：文森时代
责任校对：马军令
责任印制：丛怀宇

出版发行：清华大学出版社
　　　　　网　　　址：http://www.tup.com.cn，http://www.wqbook.com
　　　　　地　　　址：北京清华大学学研大厦 A 座　　　　邮　　编：100084
　　　　　社 总 机：010-83470000　　　　　　　　　　邮　　购：010-62786544
　　　　　投稿与读者服务：010-62776969，c-service@tup.tsinghua.edu.cn
　　　　　质量反馈：010-62772015，zhiliang@tup.tsinghua.edu.cn
印 装 者：三河市东方印刷有限公司
经　　销：全国新华书店
开　　本：185mm×235mm　　　印　　张：16.5　　　字　　数：327 千字
版　　次：2022 年 10 月第 1 版　　　　　　　　印　　次：2023 年 8 月第 2 次印刷
定　　价：89.80 元

产品编号：097937-01

前 言

Preface

本书内容

本书由浅入深，从深度学习基础、PyTorch 的安装和环境搭建讲起，用详细的实例演示了 PyTorch 解决各类深度学习问题的方法，另外还讲解了回归问题、张量基础、多层感知器、卷积基础和卷积模型、迁移学习和数据增强、经典网络模型、图像定位、图像语义分割、目标识别、循环神经网络和文本分类、一维卷积模型、序列预测、生成对抗网络等内容。同时，本书在阐明深度学习基本原理的基础上，着重对解决各类问题的代码实现做了全面而具体的讲解。笔者希望读者在阅读完本书后，能够学会使用 PyTorch 编写代码解决各类深度学习问题。

全书分为 4 篇，共 19 章。

深度学习基础篇（第 1 章～第 6 章）：

☑ 第 1 章：简要介绍 PyTorch 并详细演示环境配置和安装。

☑ 第 2 章：讲解机器学习基础，并使用一个简单的线性回归例子演示用 PyTorch 创建、训练模型的整个流程。

☑ 第 3 章：讲解张量创建、张量类型、张量运算、张量自动微分等基础知识。

☑ 第 4 章：讲解多层感知器和激活函数等基本概念，演示如何加载内置数据集。

☑ 第 5 章：演示一个完整的多层感知器模型训练的示例。

☑ 第 6 章：讲解梯度下降法、反向传播算法及内置优化器，介绍学习速率的概念。

计算机视觉篇（第 7 章～第 14 章）：

☑ 第 7 章：讲解卷积神经网络和池化层的原理，对卷积神经网络的整体架构做了解析。

☑ 第 8 章：演示如何定义一个简单的卷积模型，讲解超参数的选择原则。

☑ 第 9 章：演示图片二分类卷积模型，涉及加载图片数据集、保存和加载模型权重、保存和恢复检查点等。

☑ 第 10 章：演示图片分类实例，重点讲解自定义 Dataset 类创建输入、Dropout 抑制过拟合、批标准化以及学习速率衰减等模型优化方法。

☑ 第 11 章：讲解迁移学习、数据增强和微调。

☑ 第 12 章：讲解经典网络模型，包括 VGG、ResNet、Inception、DenseNet 等，并介绍 TensorBoard 可视化和提取预训练模型特征的方法。

☑ 第 13 章：讲解图像定位原理和实现。

☑ 第 14 章：讲解图像语义分割，演示使用 U-Net 模型实现图像语义分割。

自然语言处理和序列篇（第 15 章～第 17 章）：

☑ 第 15 章：讲解文本处理的基础知识，演示文本分类的基础模型，讨论文本分类模型参数初始化的方法。

☑ 第 16 章：讲解循环神经网络和一维卷积神经网络。

☑ 第 17 章：演示长短期记忆网络处理序列预测的实例。

生成对抗网络和目标检测篇（第 18 章～第 19 章）：

☑ 第 18 章：讲解生成对抗网络的概念和应用，并带领读者实现基础 GAN 和 DCGAN。

☑ 第 19 章：介绍目标检测的概念及常用目标检测算法，重点介绍如何使用 PyTorch 目标检测模块处理目标检测任务、如何使用 torchvision 预训练检测模型在自行标注的图片上进行训练等。

创作背景

PyTorch 自发布以来，已经成为深度学习领域最受欢迎的框架之一。目前，在学术研究和科研工作中，PyTorch 是使用最多、最受关注的深度学习框架，而且这种受欢迎的趋势还在上升；在工业应用中，PyTorch 也受到了越来越多公司的青睐。PyTorch 拥有活跃的社区和大量的贡献者，各类深度学习问题都有利用 PyTorch 实现的，解决方案在 GitHub 上开源，同时大部分的论文采用了 PyTorch 作为论文实现的工具。基于这种趋势，笔者编写了本书，以满足包括高校教师和学生在内的各类开发人员快速入门深度学习和掌握 PyTorch 的需求。

读者对象

本书适合无深度学习基础的读者、对深度学习感兴趣的读者学习，同时本书也可作为深度学习的培训教材。读者通过学习本书可以快速入门深度学习并掌握 PyTorch。本书适合的目标读者对象包括但不限于以下相关人员。

- ☑ 人工智能行业的软件工程师。
- ☑ 对人工智能感兴趣的读者。
- ☑ 相关专业从业人员。
- ☑ 机器学习、计算机学科相关专业的学生。

读者服务

- ☑ 示例代码。
- ☑ 学习视频。

读者可以通过扫码访问本书专享资源官网，获取示例代码、学习视频，加入读者群，下载最新学习资源或反馈书中的问题。

勘误和支持

由于笔者水平有限，书中难免会有疏漏和不妥之处，恳请广大读者批评指正。

目　录

Contents

第1篇　深度学习基础篇

第 2 篇　计算机视觉篇

第 3 篇　自然语言处理和序列篇

第 4 篇　生成对抗网络和目标检测篇

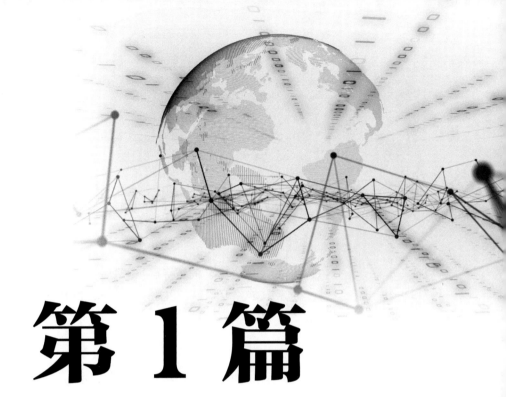

第 1 篇

深度学习基础篇

第 1 章
PyTorch 简介与安装

本章介绍 PyTorch 的发展历史、框架特点和主要应用领域，详细讲解开发环境配置和 PyTorch 的安装，包括 CPU 版本和 GPU 版本的安装以及安装完成后如何在 Jupyter Notebook 中进行测试。

1.1　PyTorch 简介

PyTorch 是一个 Python 的开源机器学习库，是 Python 优先的深度学习框架。PyTorch 是科学计算框架 Torch 在 Python 上的衍生，PyTorch 的产生受到了 Torch 和 Chainer 这两个框架的启发。Torch 使用 Lua 作为开发语言，PyTorch 则使用了 Python 作为开发语言。与 Chainer 类似，PyTorch 具有自动求导的动态图功能，也就是所谓的 define by run，即当 Python 解释器运行到相应的行时才创建计算图。

在 PyTorch 诞生之前，像 Caffe 和 Torch 是很受欢迎的深度学习库。随着深度学习的快速发展，开发人员和研究人员希望有一个高效、易于使用的框架，并且能够以 Python 编程语言构建、训练和评估神经网络。Python 是数据科学家和机器学习中最受欢迎的编程语言之一，研究人员希望在 Python 生态系统中使用深度学习算法是很自然的需求。

PyTorch 的初始版本由 Adam Paszke、Sam Gross 与 Soumith Chintala 等人牵头开发，由 Facebook 赞助，并得到 Yann LeCun（著名计算机科学家，2018 年图灵奖得主）的认可。2017 年 1 月，Facebook 人工智能研究院（FAIR）团队在 GitHub 上开源了 PyTorch。

PyTorch 通过创建既 pythonic 又易于自定义的 API，在易于使用的同时又提供了研究人员所需的低水平 API。发布以来，PyTorch 受到越来越多的关注和使用，是当前学术领域使用最多、最受欢迎的深度学习框架。PyTorch 允许研究人员利用 GPU 的算力来实现神经网络的加速，提供了自动微分机制，研究人员可以使用 PyTorch 轻松构建复杂神经网络。

PyTorch 主要有以下特点。

（1）易用性和灵活性。PyTorch 提供易于使用的 API，使用动态计算图模式确保了易用性和灵活性。PyTorch 允许用户在运行时构建计算图，甚至在运行时更改它们。

（2）Python 的支持。PyTorch 可以顺利地与 Python 数据科学栈集成，它非常类似于 NumPy。PyTorch 旨在深度集成到 Python 中，我们可以像使用 NumPy、SciPy、Scikit-learn 等库一样自然地使用它。

（3）部署简单。PyTorch 提供了可用于大规模部署 PyTorch 模型的工具 TorchServe。TorchServe 是 PyTorch 开源项目的一部分，是一个易于使用的工具，用于大规模部署 PyTorch 模型。PyTorch 还提供了 TorchScript，用于在高性能的 C++运行环境中实现模型部署。

（4）支持分布式训练。PyTorch 可实现研究和生产中的分布式训练和性能优化。

（5）强大的生态系统。PyTorch 具有丰富的工具和库等生态系统，为计算机视觉、自然语言处理（natural language processing，NLP）等方面的开发提供了便利。

（6）内置开放神经网络交换协议（open neural network exchange，ONNX）。ONNX 内置于 PyTorch 的核心，因此将模型迁移到 ONNX 不需要用户安装任何其他包或工具，这使得 PyTorch 可以很方便地与其他深度学习框架互操作。通过 ONNX 格式，研究人员可轻松地将在 PyTorch 上开发的模型部署到适用于生产的平台上。

（7）支持移动端。PyTorch 支持从 Python 到 iOS 和安卓系统部署的端到端工作流程。

总之，PyTorch 是一个简洁且高效快速的深度学习框架。PyTorch 简单易用和出色的性能及易于调试性让其受到了数据科学家和深度学习研究人员的欢迎和认可。PyTorch 的设计追求最少的封装，其大量使用了 Python 概念，例如类、结构和条件循环，允许用户以面向对象的方式构建深度学习算法。PyTorch 支持用户在前向传播过程（forward pass）中定义 Python 允许执行的任何操作。反向传播过程（backward pass）自动从图中找到去往根节点的路径，并在返回时计算梯度。这样的设计使得用户可以专注于实现自己的想法，而不需要考虑太多关于框架本身的束缚。同时，PyTorch 的灵活性不以速度为代价，在许多评测中，PyTorch 的速度表现胜过 TensorFlow 和 Keras 等流行框架。

1.2　PyTorch 的主要应用

PyTorch 的主要应用如下。

☑　计算机视觉。使用 PyTorch，程序员可以处理图像和视频，开发高度准确和精确的计算机视觉模型，如图像分类模型、对象检测模型和生成模型等。

☑ 自然语言和序列问题。PyTorch 可用于开发语言翻译、语言建模和聊天机器人等。利用 PyTorch，程序员可使用长短期记忆网络、门控循环单元等处理自然语言、时间序列等方面的任务。

☑ 强化学习。PyTorch 可用于实现深度强化学习算法，开发机器人运动控制等机器人技术。

1.3　PyTorch 安装

PyTorch 提供了一个简洁快速的安装过程，这也是 PyTorch 的优势之一。PyTorch 支持 Windows、Linux、MacOS 等操作系统，目前为止最新版本的 PyTorch 对各类操作系统的要求如下。

1．Windows 操作系统

Windows 7 及以上版本，推荐 Windows 10 或更高版本。
Windows Server 2008 R2 及更高版本。

2．Linux 操作系统

glibc >= v2.17 的 Linux 发行版支持安装 PyTorch，其中包括 Ubuntu 13.04 及以上版本，具体的支持版本列表参见 PyTorch 官方文档。

3．MacOS 操作系统

MacOS 10.15（Catalina）或更高版本支持 PyTorch。

安装 PyTorch 之前需先安装 Python，推荐使用 Python 3.7 以上的 64 位版本。本书推荐使用 Miniconda 搭建 Python 环境。Miniconda 是最小的 Conda 安装程序，它提供了类似沙盒的环境，避免了在旧的 Python 环境中安装可能会遇到的库依赖冲突等问题，对初学者十分友好。Miniconda 本身包含 Python，安装 Miniconda 后将获得 Conda 包管理工具和 Python 环境。

可在 Miniconda 官网（网址为 https://docs.conda.io/en/latest/miniconda.html）下载适合读者当前系统的、64 位的、使用 Python 3 的 Miniconda 安装包，Miniconda 官网下载页面截图如图 1-1 所示。

Platform	Name	SHA256 hash
Windows	Miniconda3 Windows 64-bit	b33797064593ab2229a0135dc69001bea05cb56a20c2f243b1231213642e260a
	Miniconda3 Windows 32-bit	24f438e57ff2ef1ce1e93050d4e9d13f5050955f759f448d84a4018d3cd12d6b
MacOSX	Miniconda3 MaxOSX 64-bit bash	786de9721f43e2c7d2803144c635f5f6e4823483536dc141ccd82dbb927cd508
	Miniconda3 MaxOSX 64-bit pkg	8fa371ae97218c3c005cd5f04b1f40156d1506a9bd1d5c078f89d563fd416816
Linux	Miniconda3 Linux 64-bit	1ea2f885b4dbc3098662845560bc64271eb17085387a70c2ba3f29fff6f8d52f
	Miniconda3 Linux-aarch64 64-bit	4879820a10718743f945d88ef142c3a4b30dfc8e448d1ca08e019586374b773f
	Miniconda3 Linux-ppc64le 64-bit	fa92ee4773611f58ed9333f977d32bbb64769292f605d518732183be1f3321fa
	Miniconda3 Linux-s390x 64-bit	1faed9abecf4a4ddd4e0d8891fc2cdaa3394c51e877af14ad6b9d4aadb4e90d8

图 1-1　Miniconda 官网下载页面

Miniconda 的安装比较简单，Windows 平台下双击安装包，根据提示单击"下一步"按钮，使用默认设置安装即可。Linux 平台使用 bash 命令安装，安装过程中会询问是否添加到系统环境，选择"y"选项即可添加到系统环境。MacOS 平台下载 PKG 的安装包安装即可。安装好 Miniconda 后，我们就安装完 Python 环境了。Windows 平台下可在程序中搜索 Anaconda Prompt(miniconda)，找到后单击它即可进入命令行环境，如图 1-2 所示。

图 1-2　Anaconda Prompt 命令行

注意

图 1-2 中命令行前面的(base)表示我们已经进入了 Miniconda 基础环境。在 Linux 等平台，如果安装 Miniconda 时选择了添加到系统环境，直接打开终端即可。

1.3.1　CPU 版本 PyTorch 安装

PyTorch 分为 CPU 版本和 GPU 版本，GPU 版本需有 NVIDIA 显卡硬件支持，如果读者的计算机没有 NVIDIA 显卡硬件支持，请直接安装 CPU 版本，安装命令参考 PyTorch 官网 https://pytorch.org/get-started/locally/。

官网为我们提供了安装命令的提示，安装非常方便，无论之后 PyTorch 的版本如何变化，都建议读者按照官网的提示进行安装，PyTorch 官网的 CPU 版本安装提示如图 1-3 所示。

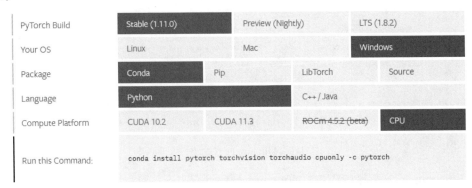

图 1-3　PyTorch 官网 CPU 版本安装提示

在图 1-3 中，从上到下依次选择安装版本（PyTorch Build）、系统平台（Your OS）、安装方式（Package）、编程语言（Language）以及计算平台（Compute Platform），网页会给出安装命令。例如在图 1-3 中的 PyTorch Build 处选择 Stable（1.11.0），Your OS 处选择 Windows，Package 处选择 Conda，Language 处选择 Python，Compute Platform 处选择 CPU，则网页会给出 PyTorch 1.11.0 的 CPU 版本的安装命令，如下所示。

```
> conda install pytorch torchvision torchaudio cpuonly -c pytorch
```

将这行安装命令复制到 Anaconda Prompt 命令行或者终端，执行命令即可开始 CPU 版本的安装，安装过程中如果没有提示下载中断或错误，说明成功地安装了 CPU 版本的 PyTorch。

1.3.2　GPU 版本 PyTorch 安装

GPU 版本的 PyTorch 可以利用 NVIDIA GPU 强大的计算加速能力，使 PyTorch 的运行更为高效，尤其是可以成倍提升模型训练的速度。GPU 版本需有 NVIDIA 显卡硬件支持，如果选择安装 GPU 版本，请确保计算机已安装 NVIDIA 显卡和显卡驱动并且显卡型号支持 CUDA，具体显卡型号是否支持可查询 NVIDIA 官网。

CUDA 是一种由 NVIDIA 推出的通用并行计算架构，该架构使 GPU 能够解决复杂的计算问题。使用 CUDA，需要安装 CUDA Toolkit 套件，它会与 PyTorch 一并使用 Conda 安装。下面将演示的安装教程仅适用于 Windows 和 Linux 平台，MacOS 平台 GPU 版本的安装需要从源码构建。

GPU 版本的安装依然通过在 PyTorch 官网安装页面（https://pytorch.org/get-started/locally/）选择安装命令进行安装，PyTorch 官网的 GPU 版本安装提示如图 1-4 所示。

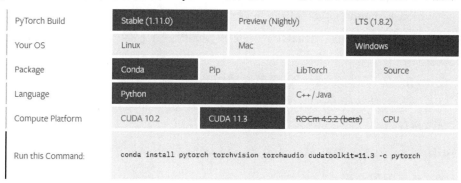

图 1-4　PyTorch 官网 GPU 版本安装提示

在图 1-4 中，从上到下依次选择安装版本（PyTorch Build）、系统平台（Your OS）、安装方式（Package）、编程语言（Language）以及计算平台（Compute Platform），即在 PyTorch Build 处选择 Stable（1.11.0），Your OS 处选择 Windows，Package 处选择 Conda，Language 处选择 Python，Compute Platform 处选择 CUDA 11.3，则网页会给出如下安装命令。

```
> conda install pytorch torchvision torchaudio cudatoolkit=11.3 -c pytorch
```

将这行安装命令复制到 Anaconda Prompt 命令行或者终端，执行命令即可完成 GPU 版本的安装。安装过程中需要从 Anaconda 提供的官方源下载 PyTorch 和 CUDA Toolkit 等安装包，这些包都比较大，如果发生了网络中断，读者可尝试重新执行安装命令再次安装。读者在选择 CUDA 版本时有以下 3 点要特别注意。

（1）目前 NVIDIA 30 系显卡不支持 CUDA 10.2，即 30 系显卡必须选择 CUDA 11.3（或更高版本，未来可能添加）。

（2）Windows 平台只能选择 CUDA 11.3 或更高版本。

（3）关于 CUDA 的选择，在本书写作时仅有图 1-4 中显示的 10.2 和 11.3 两个版本，未来可能会发生变化，总的原则是，尽量选择高版本的 CUDA。

1.3.3　安装辅助库和安装测试

以上为 CPU 版本和 GPU 版本的 PyTorch 的安装过程，读者根据自己的计算机有无

7

NVIDIA 显卡选择一个版本安装即可。除此之外，Windows 平台还需要安装 Microsoft Visual C++（VC_redist.x64.exe），可从微软网站（网址为 https://docs.microsoft.com/zh-CN/cpp/windows/latest-supported-vc-redist）下载安装最新支持的 Visual C++。在很多时候，读者的计算机可能已经安装过 Visual C++，如果安装时提示已经安装了其他版本，那就没有必要重复安装了。

完成 PyTorch 库的安装后，还需要安装辅助库，如绘图库 Matplotlib、数据分析库 pandas 以及开发编辑工具 Jupyter Notebook 等，可在 Anaconda Prompt 命令行或者终端执行以下安装命令。

```
> pip install pandas matplotlib notebook
```

至此，环境配置结束。

下面来测试我们的安装是否成功。上面命令已安装了 Jupyter Notebook，Jupyter Notebook 是基于网页的、用于交互计算的应用程序，其可被应用于全过程计算，即开发、文档编写、运行代码和展示结果。简单来说，Jupyter Notebook 以网页的形式打开，可以在网页页面中直接编写代码和运行代码，代码的运行结果也会直接在代码块下显示。如在编程过程中需要编写说明文档，可在同一个页面中直接编写，便于笔者及时地说明和解释。Jupyter Notebook 是本书推荐读者使用的代码编写工具，它对初学者十分友好，是数据分析的标准环境，其使用界面如图 1-5 所示。

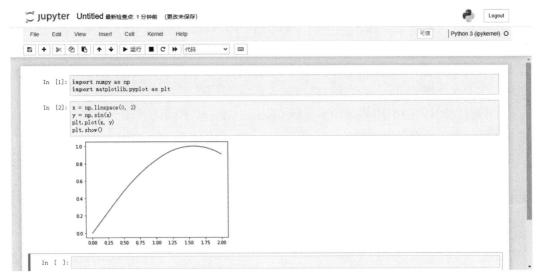

图 1-5　Jupyter Notebook 使用界面

要打开 Jupyter Notebook，首先需要在 Anaconda Prompt 命令行或终端中执行如下命令。

```
> jupyter notebook
```

然后按 Enter 键，即可在浏览器中打开 Jupyter Notebook 的 Home 页面，如图 1-6 所示。

图 1-6　Jupyter Notebook 的 Home 页面

在 Home 页面右上角的 New 下拉列表框中选择 "Python 3" 选项，会打开一个新的编写代码页面，如图 1-7 所示。

图 1-7　Jupyter Notebook 编写代码页面

这样我们就新建了一个运行环境（kernel），它只有一个闪着光标的空行，在这一行中输入以下代码即可导入 PyTorch。

```
import torch
```

按住 shift 键并按 Enter 键执行此行代码，如果没有报错且行号前面出现了 "[1]"，说明 PyTorch 安装成功并已导入当前环境，如图 1-8 所示。

执行完代码后，会在代码下面自动添加一个空行，方便继续编写代码。我们可以构造一个随机初始化的张量来测试 PyTorch。在下一行中输入以下代码。

```
x = torch.rand(5, 3)
print(x)
```

9

执行以上代码，将看到类似如图 1-9 所示的输出。

图 1-8　导入 PyTorch

图 1-9　生成并打印随机数

如果安装的是 GPU 版本，可运行以下代码以确认是否启用了 CUDA 驱动程序。

```
torch.cuda.is_available()
```

执行上面这行代码，如果返回值为 True，说明成功安装了 GPU 版本的 PyTorch。

1.4　本章小结

本章介绍了 PyTorch 库，并详细讲解了环境配置和安装。学习完本章，读者需要在自己的计算机上完成 PyTorch 的安装并做测试。PyTorch 库的安装相比 TensorFlow 等类似库要简单很多，其关键点为使用 Miniconda 配置环境并严格按照官网的安装命令提示进行安装。

第 2 章
机器学习基础与线性回归

本章讲解机器学习基础，这也是深度学习最基础的内容。另外，我们将使用 PyTorch 实现一个简单的线性回归模型，通过这个最基础模型的演示，读者能够了解什么是机器学习、机器学习是干什么的、什么是模型以及模型训练的整体流程。通过本章的代码演示，读者将对使用 PyTorch 编写神经网络有一个直观的认识。

2.1 机器学习基础

什么是机器学习呢？所谓机器学习，就是让计算机从数据中学习到规律，从而做出预测。很多时候，我们很难直接编写一个算法解决问题，例如一张图片，很难编写算法直接正确预测这张图片中显示的是猫还是狗。为了解决这个问题，人们想到了数据驱动的方法，也就是让计算机从现有的大量的带标签的图片中学习规律，一旦计算机学习到了其中的规律，当我们输入一张新的图片给计算机时，它就可以准确地预测这张图片显示的到底是猫还是狗。

这里有两个关键的因素，一是大量的可学习数据，例如带标签的猫、狗图片；二是学习的主体，我们一般称之为模型。如何理解模型呢？读者可以把模型看成是一个映射函数，它包含一些参数，这些参数可以与输入进行计算得到一个输出，我们一般称之为预测结果。例如，输入一张图片到模型中，图片与模型参数计算得到一个映射结果，这就是预测结果。所谓模型学习的过程，就是模型修正其参数、改进映射关系的过程。可以简单地把模型的学习过程总结如下，以预测图片是猫还是狗为例，步骤如下。

（1）创建模型。

（2）输入一张带标签的图片。

（3）使用模型对此图片做出预测。

（4）将预测结果与实际标签比较，产生的差距一般称为损失。

（5）以减小损失为优化目标，根据损失优化模型参数。

（6）循环重复上述第（2）～（5）步。

下面用一个例子来演示创建模型、优化模型的整个过程。

2.2 线 性 回 归

现在有一个受教育年限与平均收入之间对应关系的数据集 Income1.csv。通过创建一个简单模型，当给定一个人的受教育年限时，这个模型能预测其收入。

首先，读取数据集，并观察数据。

数据集在当前目录下的 datasets 文件夹中，这里使用相对路径读取，如果读者对相对路径不了解，建议直接写绝对路径。数据集的名称为 Income1.csv，它是一个 CSV 文件，使用 pandas 库的 read_csv()方法读取。pandas 是一个非常受欢迎的 Python 数据分析库。如果读者不了解其用法，参考下面的示例照做即可。

```
import torch                                  # 导入 PyTorch 库
import pandas as pd                           # 导入 pandas 库
import numpy as np
import matplotlib.pyplot as plt               # 导入绘图库
data = pd.read_csv('./datasets/Income1.csv')  # 读取 CSV 文件
print(data.head(3))                           # 打印前三行
```

执行以上代码，我们会看到如下输出。

```
   Unnamed: 0   Education    Income
0           1   10.000000   26.658839
1           2   10.401338   27.306435
2           3   10.842809   22.132410
```

这里数据主要有两列：一列是 Education，即受教育年限；另一列是 Income，表示收入情况。可以通过如下代码查看数据的整体情况。

```
print(data.info())
```

输出如下。

```
<class 'pandas.core.frame.DataFrame'>
RangeIndex: 30 entries, 0 to 29
Data columns (total 3 columns):
 #   Column      Non-Null Count  Dtype
```

```
---    ------          ----------------       -----
 0     Unnamed: 0      30 non-null            int64
 1     Education       30 non-null            float64
 2     Income          30 non-null            float64
dtypes: float64(2), int64(1)
memory usage: 848.0 bytes
```

可以看出，这是一个非常小的数据集，只有 30 行，并且 Education 和 Income 这两列的数据类型均为 float 64，我们先使用 Matplotlib 绘图查看它们之间的关系，以便选择一个合适的模型。

```
plt.scatter(data.Education, data.Income)          # 绘制散点图
plt.xlabel('Education')
plt.ylabel('Income')
plt.show()
```

受教育年限与收入的数据集如图 2-1 所示。

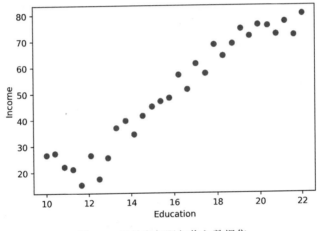

图 2-1　受教育年限与收入数据集

通过图 2-1 可以直观地查看 Education 和 Income 之间的关系，即它们之间是一种线性关系，这样的话，我们很容易想到使用一条直线来拟合它们之间的关系，也就是说，用一条直线来抽象 Education 和 Income 之间的对应关系，所以面对这个问题，我们就需要创建一个模型，这个模型是一条直线，而这条直线能够拟合现有数据，帮助我们对未知数据做出预测。

既然模型就是一条直线，就可以把模型公式化，我们用 Y 代表 Income，用 X 代表 Education，这个模型的公式如下。

$$Y = w * X + b$$

在公式中，w 代表斜率，一般称为权重；b 代表截距，一般称为偏置。这个公式所实现的就是一元线性回归模型。所谓线性回归，就是利用数理统计中回归分析来确定两种或两种以上变量间相互依赖的定量关系的一种统计分析方法。

现在模型已经创建好，只要通过训练得到 w 和 b 的值，这样，当需要预测时，给定一个人的 Education，也就是公式中的 X 值，将 X 值带入模型公式中，就能直接计算出 Income，也就做出了预测。那么如何确定 w 和 b 的值呢？

确定这两个值实际就是找出最拟合的直线。直观的感觉就是这条直线应该与现有的这些点越接近越好，因此可以使用这些点到拟合直线之间的距离的平方的均值作为拟合能力的评价标准，这就是回归问题中的常见损失函数——平方误差。

所谓损失函数主要用于计算模型预测与实际结果之间的差距，损失函数的返回值就是模型的损失，显然，模型的损失越小越好。这就给出了计算 w 和 b 值的方法，我们只需要找到能使模型的损失最小的 w 和 b 值即可。当数据确定时，也就是给定了训练数据，损失函数的值（也称为 $loss$ 值）是由 w 和 b 决定的，可以公式化为如下形式。

$$loss = f(w,b)$$

现在的问题就变成了寻找 $loss$ 极值点的问题，只要找到合适的 w 和 b 使得 $loss$ 取得最小值，这时的 w 和 b 就是要找的最拟合直线的权重和偏置。求解极值的具体过程一般交给 PyTorch 这样的框架来处理，具体的方法是梯度下降算法，在后面章节会简单介绍梯度下降算法的原理，本章先使用 PyTorch 完成受教育年限与收入预测这个模型的训练，读者对于机器学习和 PyTorch 有一个直观的印象即可。

在创建模型之前，首先需对数据做预处理，主要是提取输入值 X 和目标值 Y，并将它们转换为 PyTorch 所需的张量类型，PyTorch 中运算的数据全部是张量形式，关于张量的运算和类型在第 3 章会详细讲到，这里先了解概念即可。

```
X = torch.from_numpy(data.Education.to_numpy().reshape(-1, 1)).
type(torch.FloatTensor)
Y = torch.from_numpy(data.Income.to_numpy().reshape(-1, 1)).
type(torch.FloatTensor)
```

上面第一行代码首先通过 data.Education 获取受教育年限这一列，使用 to_numpy() 方法将其转换为 ndarray 数组形式，然后使用 reshape 方法将其形状设置为二维数组，并且将最后一个维度明确为 1，为了理解这个形状，我们可以通过调用张量的 size() 方法打印其形状。

```
print(X.size(), Y.size())
```

接下来查看得到的数据集的形状，代码如下。

```
torch.Size([30, 1]) torch.Size([30, 1])
```

从数据集的形状显示可以看出，目前数据集是二维的，最后一个维度为 1，代表单条数据的长度，前面的 30 代表数据的个数，所以，*X* 和 *Y* 这两个数据集的形状可以理解为输入 *X* 是 30 个长度为 1 的数据，输出 *Y* 也是 30 个长度为 1 的数据。

代码中 type() 方法是设置张量的数据类型，代码中全部转换为 torch.FloatTensor 类型，FloatTensor 是 PyTorch 支持的几种数据类型之一，关于 PyTorch 的数据类型在第 3 章会讲到。至此，数据预处理结束，下面开始创建模型。

在 PyTorch 中，torch.nn 模块提供了定义模型所需的大部分层，要定义一个模型，一般通过继承 nn.Module 这个父类来定义一个新的类，nn.Module 是 PyTorch 的高阶 API，读者可以将网络的每个可分离组件定义为继承自 nn.Module 的单独的 Python 类，然后再组合成一个新的模型，使用起来非常灵活。

我们在下面这个继承自 nn.Module 的类的 __init__() 方法中初始化模型的层，在 forward() 方法中，通过调用这些层实现对输入的计算。这里定义模型的名称为 EIModel。

```
from torch import nn

class EIModel(nn.Module):
    def __init__(self):
        super(EIModel, self).__init__()           # 继承父类的属性
        self.linear = nn.Linear(in_features=1, out_features=1)# 创建线性层
    def forward(self, inputs):
        logits = self.linear(inputs)              # 在输入上调用初始化的线性层
        return logits
```

因为当前模型是一个简单的线性回归模型，只有 *w* 和 *b* 两个参数，以上代码中的 __init__() 方法中，使用 nn.Linear() 方法初始化一个线性连接层，nn.Linear 有两个参数，即 in_features 和 out_features，分别代表输入和输出维度的大小，根据 *X* 和 *Y* 的 size() 方法可知 in_features 和 out_features 都是 1。

通过这个线性层的定义可以看出 PyTorch 框架的作用，仅仅使用 nn.Linear() 方法就可以创建一个线性层，非常简单。

在 forward() 方法中，对输入 input 调用定义好的 self.linear 层即可得到输出并将结果返回。至此，我们完成了模型的创建，下面初始化一个模型实例，代码如下。

```
model = EIModel()
```

15

在这里模型是一个最简单的线性层，输入和输出都为 1，只有 w 和 b 两个参数。根据前面所说的模型的学习过程，我们还需要计算损失函数，并根据损失值优化模型参数，然后重复循环。PyTorch 内置了常用的损失计算函数和优化器，只需将其初始化即可，代码如下。

```
loss_fn = nn.MSELoss()                              # 定义均方误差损失计算函数
opt = torch.optim.SGD(model.parameters(), lr=0.0001)  # 初始化优化器
```

上面第一行代码初始化了损失函数，这里是回归问题，使用 PyTorch 内置的 nn.MSELoss()方法定义均方误差损失计算函数；第二行代码初始化了一个内置的优化器 torch.optim.SGD()，它的第一个参数是需要优化的变量，可以通过 model.parameters()方法获取模型中所有变量，优化器中参数 lr 用来定义学习速率，关于优化器和学习速率，后面章节会讲到。

下面就可以编写训练循环代码了，这里对全部数据训练 5000 次，在每一次循环中都执行如下计算。

（1）调用模型获取预测。

（2）根据预测计算损失。

（3）根据损失优化模型参数。

模型训练代码如下。

```
for epoch in range(5000):       # 对全部数据训练 5000 次
    for x, y in zip(X, Y):       # 同时对 X 和 Y 迭代
        y_pred = model(x)        # 调用 model 得到预测输出 y_pred
        loss = loss_fn(y_pred, y) # 根据模型预测输出与实际的值 y 计算损失
        opt.zero_grad()          # 将累计的梯度置为 0
        loss.backward()          # 反向传播损失，计算损失与模型参数之间的梯度
        opt.step()               # 根据计算得到梯度优化模型参数
print('Down!')                   # 训练完毕打印 "Down!"
```

模型训练代码有一行 opt.zero_grad()，这是因为 PyTorch 会累计每次计算的梯度，使用此代码将上一循环中计算的梯度归零。

所谓模型训练过程或者模型学习，就是根据损失优化模型参数的过程。不难发现，我们对训练数据的学习并不是一遍就能完成的，而是需要学习很多遍，一般将全部数据训练一遍称为一个 epoch，这里训练了 5000 个 epoch 。

model.named_parameters()可以以生成器的形式返回模型参数的名称和值，打印查看目前模型的参数取值情况，代码如下。

```
print(list(model.named_parameters()))
```

输出如下。

```
[('linear.weight', Parameter containing:tensor([[4.9718]],
 requires_grad=True)),
('linear.bias', Parameter containing:tensor([-28.3185],
 requires_grad=True))]
```

这里模型有两个参数，分别是 linear.weight 和 linear.bias，现在的取值如上面张量中显示的值。这个训练结果好不好呢？模型训练的结果是一条直线，通过绘图来查看它与实际数据的拟合程度，代码如下。

```
# 绘制原数据分布散点图
plt.scatter(data.Education, data.Income, label='real data')
# 绘制预测的直线，这里 model(X)表示调用模型预测
plt.plot(X, model(X).detach().numpy(), c='r', label='predicted line')
plt.xlabel('Education')
plt.ylabel('Income')
plt.legend()
plt.show()
```

上面代码中使用 plt.plot 绘制直线，它的横坐标是 X，也就是受教育年限，而纵坐标是模型对 X 的预测输出，也就是 model(X)。因为模型的输出是一个张量，它包含梯度等信息。首先使用 detach()方法截断梯度，然后使用 numpy()方法转为 ndarray，后面的参数 c 用来指定绘图的颜色。拟合结果如图 2-2 所示。

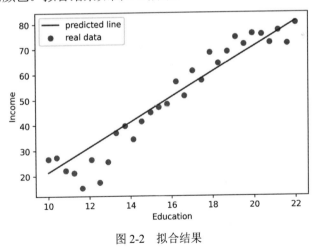

图 2-2　拟合结果

从图 2-2 可以看出，代表模型的这条直线很好地拟合了当前的数据，也就是说可以使

用这个模型来预测一个人的收入情况。

2.3 本 章 小 结

　　本章讲解了机器学习基础，并使用一个简单的线性回归的例子演示了使用 PyTorch 创建、训练模型的整个流程，目的是让读者有一个初步的认识和印象。在这个演示的过程中，有很多基础概念，读者不了解也没有关系，先了解什么是机器学习和 PyTorch 编写代码的特点，后面章节将讲解训练的细节和更加复杂的模型、损失函数、优化器等。

第 3 章
张量与数据类型

本章介绍 PyTorch 最基本的操作对象——张量（tensor），张量是 PyTorch 中重要的数据结构，可认为是一个高维数组。一般的，标量（scalar）是只有大小没有方向的量，如 1、2、3 等；向量（vector）是有大小和方向的量，如[1, 2, 3]；矩阵（matrix）是由多个向量组成的，如[[1, 2, 3], [4, 5, 6]]。张量是基于向量和矩阵的推广，我们可以将标量视为零阶张量，向量可以视为一阶张量，矩阵就是二阶张量。总之，张量是支持高效的科学计算的数组，它可以是一个数（标量）、一维数组（向量）、二维数组（矩阵）和更高维的数组（高阶数据）。

3.1　PyTorch 张量

PyTorch 最基本的操作对象是张量，它表示一个多维数组，张量类似 NumPy 的数组（ndarray），与 ndarray 不同的是，张量可以在 GPU 上使用以加速计算。本章讲解张量运算和类型。事实上，张量和 NumPy 的数组通常可以共享相同的底层内存，无须复制数据。下面演示张量的创建和运算，首先导入 PyTorch 和 NumPy，代码如下。

```
import torch
import numpy as np
```

3.1.1　初始化张量

我们可以使用多种形式初始化张量，如可直接从 Python 数据创建张量，无须指定类型，PyTorch 会自动推荐其类型，可通过张量的 dtype 属性查看其类型。

```
t = torch.tensor([1, 2])          # 创建一个张量
print(t)                          # 输出 tensor([1, 2])
print(t.dtype)                    # 输出 torch.int64
```

在创建张量时，如果想直接创建为 float 类型，可使用 torch.FloatTensor()方法；如果需要明确地创建为 int 类型，可使用 torch.LongTensor()方法。这两种类型是 PyTorch 中使用最多、最常见的两种类型。代码如下。

```
t = torch.FloatTensor([1, 2])
print(t)                    # 输出 tensor([1., 2.])
print(t.dtype)             # torch.float32

t = torch.LongTensor([1, 2])
print(t)                    # 输出 tensor([1, 2])
print(t.dtype)             # torch.int64
```

也可以使用 torch.from_numpy()方法从 NumPy 数组 ndarray 创建张量。

```
np_array = np.array([[1, 2], [3, 4]])   # 创建一个 ndarray
t_np = torch.from_numpy(np_array)        # 从 ndarray 创建张量
print(t_np)                 # 输出 tensor([[1, 2],[3, 4]], dtype=torch.int32)
```

3.1.2 张量类型

与 ndarray 类型类似，张量的基础数据类型主要包含以下几种。

☑ 32 位浮点型：torch.float32/torch.float。

☑ 64 位浮点型：torch.float64。

☑ 16 位浮点型：torch.float16。

☑ 64 位整型：torch.int64/torch.long。

☑ 32 位整型：torch.int32。

☑ 16 位整型：torch.int16。

☑ 8 位整型：torch.int8。

其中32位浮点型和64位整型是最常用的类型，这两种类型也常常被表示为torch.float 和 torch.long，也就是说，torch.float32 等价于 torch.float，torch.int64 等价于 torch.long，这两种类型正好对应上面的两种创建张量的方法 torch.FloatTensor()和 torch.LongTensor()。我们可在构造张量时使用 dtype 明确其类型。

```
t = torch.tensor([1, 2], dtype=torch.float32)
print(t)                # 输出 tensor([1., 2.])
print(t.dtype)          # 输出 torch.float32
# 也可以使用 torch.float 作为 dtype 的参数
t = torch.tensor([1, 2], dtype=torch.float)
print(t.dtype)          # 输出 torch.float32
```

```
print(torch.float == torch.float32)        # 返回 True
print(torch.long == torch.int64)           # 返回 True
```

以上代码中直接将 torch.float 与 torch.float32 做相等判断，判断后发现返回结果为 True，说明这两个写法是完全等价的。PyTorch 针对 torch.float32 和 torch.int64 类型有专门这样的简写形式是因为，这两种类型特别重要，模型的输入类型一般都是 torch.float32，而模型分类问题的标签类型一般为 torch.int64。

PyTorch 中张量的类型可以使用 type()方法转换，代码如下。

```
t = torch.tensor([1, 2], dtype=torch.float32)
print(t.dtype)                             # 输出 torch.float32
# type()方法转换类型
t = t.type(torch.int64)
print(t.dtype)                             # 输出 torch.int64
```

编写代码过程中，由于转换为 torch.float32 和 torch.int64 两个类型最常见，框架提供了两个快捷的实例转换方法，即 float()方法和 long()方法。代码如下。

```
t = torch.tensor([1, 2], dtype=torch.float32)
t = t.long()
print(t.dtype)                             # 输出 torch.int64
t = t.float()
print(t.dtype)                             # 输出 torch.float32
```

这两个写法很简洁，在以后涉及类型转换时很常见。

3.1.3　创建随机值张量

可使用 torch.rand()方法创建 0～1 均匀分布的随机数，使用 torch.randn()方法创建标准正态分布随机数，使用 torch.zeros()和 torch.ones()方法创建全 0 和全 1 的张量，代码如下。

```
t = torch.rand(2, 3)
print(t) # 输出类似 tensor([[0.3858,0.6156,0.4900],[0.8825,0.1920,0.3188]])

t = torch.randn(2, 3)
print(t) # 输出类似 tensor([[1.2542,0.1516,0.1087],[-0.9519,-0.0364,-0.1354]])

t = torch.zeros(3)
print(t)                        # 输出 tensor([0.,0.,0.])

t = torch.ones(3, 2)
print(t)                        # 输出 tensor([[1.,1.],[1.,1.],[1.,1.]])
```

还可以从另一个张量创建新的张量，除非明确覆盖，否则新的张量保留原来张量的属性（形状、数据类型），代码如下。

```
x = torch.zeros_like(t)        # 类似的方法还有 torch.ones_like()
print(x)                       # 输出形状和类型与上面创建的张量 t 相同的全 0 张量
x = torch.rand_like(t)
print(x)              # 输出形状和类型与上面创建的张量 t 相同的 0~1 均匀分布的张量
```

3.1.4　张量属性

tensor.shape 属性可返回张量的形状，它与 tensor.size()方法等价，后者更灵活，可以通过给定参数返回某一个维度的形状；tensor.dtype 属性可返回当前张量的类型，代码如下。

```
t = torch.ones(2, 3, dtype=torch.float64)
print(t.shape)                 # 输出 torch.Size([2, 3])
print(t.size())                # 输出 torch.Size([2, 3])
print(t.size(1))               # 输出第一维度大小 3
print(t.dtype)                 # 输出 torch.float64
print(t.device)                # 输出 device(type='cpu')
```

我们可通过使用 tensor.device 属性查看当前张量所在的设备（device）。直接创建的张量都在内存中，所以显示的 device 是 CPU，如果是显存中的张量，则显示为 CUDA。

3.1.5　将张量移动到显存

张量可进行算术运算、线性代数、矩阵操作等计算，这些计算既可以在 CPU 上运行，也可在 GPU 上运行，在 GPU 上的运算速度通常高于 CPU。默认情况下是在 CPU 上创建张量。如果有可用的 GPU，可以使用 tensor.to()方法明确地将张量移动到 GPU，代码如下。

```
# 如果 GPU 可用，将张量移动到显存
if torch.cuda.is_available():
    t = t.to('cuda')
print(t.device)        # 如果 GPU 可用，输出类似 device(type='cuda', index=0)
```

在编码过程中，一般可用如下代码获取当前可用设备。

```
# 获取当前可用设备
device = "cuda" if torch.cuda.is_available() else "cpu"
print("Using {} device".format(device))        # 打印当前可用设备
t = t.to(device)                                # 将 t 放到当前可用设备上
```

```
print(t.device)        # 如果 GPU 可用，输出类似 device(type='cuda', index=0)
```

这样设置要比直接使用 t.to('cuda')更稳妥，可以确保代码中无论有无 GPU 都能正常运行，并且如果 GPU 可用就用 GPU 。

3.2 张 量 运 算

张量的运算规则、切片索引规则与 NumPy 类似，运算中遵循广播原则和同形状相同位置元素对齐运算的原则，代码如下。

```
t1 = torch.randn(2, 3)
t2 = torch.ones(2, 3)
print(t1 + 3)          # t1 中每一个元素都加 3
print(t1 + t2)         # t1 与 t2 中每一个相同位置的元素相加
print(t1.add(t2))      # 等价于 t1+t2，结果与上面相同

print(t1)              # 输出当前 t1 值
t1.add_(t2)            # 运行 add_这个计算方法，add_方法中的下画线代表就地改变原值
print(t1)              # 查看运算结果
```

在 PyTorch 中，如果一个运算方法后面加上下画线，代表就地改变原值，即 t1.add_(t2)会直接将运算结果保存为 t1，这样做可以节省内存，但是缺点是会直接改变 t1 原值，因此在使用的时候需要谨慎。

张量可以进行常见的算术运算，如 abs（绝对值）、cunsum（累加）、divide（除）、floor_divide（整除）、mean（均值）、min（最小值）、max（最大值）、multiply（乘）等，这里不再一一演示。在深度学习中，矩阵运算常用到转置（tensor.T）和矩阵乘法（matmul 或@），代码如下。

```
print(t1.matmul(t2.T))    # t1 与 t2 的转置进行矩阵乘法
print(t1 @ (t2.T))        # 与上一行运算等价，t1 与 t2 的转置进行矩阵乘法
```

对于只有一个元素的张量，可以使用 tensor.item()方法将其转换为标量，也就是 Python 的基本类型。

```
t3 = t1.sum()
print(t3)              # t3 是只有一个元素的张量，输出类似 tensor(7.9492)
print(t3.item())       # 输出一个 Python 浮点数，类似 7.949179649353027
```

以上代码中，首先将张量中所有的元素求和，得到只有一个元素的张量，然后使用

tensor.item()方法将其转为标量，这种转换在我们希望打印模型正确率和损失值的时候很常见，在后面章节中读者会看到其应用。

3.2.1　与 NumPy 数据类型的转换

3.1.1 节演示了可使用 torch.from_numpy()方法将 ndarray 转为张量，张量也可以使用 tensor.numpy()方法得到它对应的 ndarray 数组，它们共用相同的内存。

```
a = np.random.randn(2, 3)      # 创建一个形状为(2, 3)的 ndarray
print(a)                       # 输出此 ndarray
t = torch.from_numpy(a)        # 使用此 ndarray 创建一个张量
print(t)                       # 输出创建的张量
print(t.numpy())               # 使用 tensor.numpy()方法获得张量对应的 ndarray
```

3.2.2　张量的变形

tensor.size()方法和 tensor.shape 属性可以返回张量的形状。当需要改变张量的形状时，可以通过 tensor.view()方法，这个方法相当于 NumPy 中的 reshape 方法，用于改变张量的形状。需要注意的是，在转换过程中要确保元素数量一致。代码如下。

```
t = torch.randn(4, 6)          # 创建一个形状为(4, 6)的张量
print(t.shape)                 # 输出 t 的形状为 torch.Size([4, 6])
t1 = t.view(3, 8)              # 调整成(3, 8)形状，这里元素数量是相等的
print(t1.shape)                # 输出 t1 的形状为 torch.Size([3, 8])

# 现在我们需要将 t 展平为最后一个维度为 1 的张量
# 第二个参数 1 代表第二维长度为 1，参数-1 表示根据元素个数自动计算第一维
t1 = t.view(-1, 1)
print(t1.shape)                # 输出 t1 的形状为 torch.Size([24, 1])

# 也可以使用 view 增加维度，当然元素个数是不变的
t1 = t.view(1, 4, 6)          # 调整成三维的，其中第一维的长度为 1
print(t1.shape)                # 输出 t1 的形状为 torch.Size([1, 4, 6])
```

对于维度长度为 1 的张量，可以使用 torch.squeeze()方法去掉长度为 1 的维度，相应的也有一个增加长度为 1 维度的方法，即 torch.unsqueeze()，代码如下。

```
print(t1.shape)                # 输出 t1 的形状为 torch.Size([1, 4, 6])
t2 = torch.squeeze(t1)
print(t2.shape)                # 输出 t2 的形状为 torch.Size([4, 6])
```

```
t3 = torch.unsqueeze(t2, 0)        # 参数 0 表示指定在第一个维度上增加维度
print(t3.shape)                     # 输出 t3 的形状为 torch.Size([1, 4, 6])
```

3.3　张量的自动微分

在 PyTorch 中，张量有一个 requires_grad 属性，可以在创建张量时指定此属性为 True。如果 requires_grad 属性被设置为 True，PyTorch 将开始跟踪对此张量的所有计算，完成计算后，可以对计算结果调用 backward()方法，PyTorch 将自动计算所有梯度。该张量的梯度将累加到张量的 grad 属性中。张量的 grad_fn 属性则指向运算生成此张量的方法。简单地说，张量的 requires_grad 属性用来明确是否跟踪张量的梯度，grad 属性表示计算得到的梯度，grad_fn 属性表示运算得到生成此张量的方法。代码演示如下，注意查看代码中的注释。

```
t = torch.ones(2, 2, requires_grad=True)   # 这里设置 requires_grad 为 True
print(t.requires_grad)                       # 输出是否跟踪计算张量梯度，输出 True
print(t.grad)    # tensor.grad 输出张量的梯度，输出为 None，表示目前 t 没有梯度
print(t.grad_fn)    # tensor.grad_fn 指向运算生成此张量的方法，这里为 None

# 进行张量运算，得到 y
y = t + 5
print(y)    # 输出 tensor([[6., 6.], [6., 6.]], grad_fn=<AddBackward0>)
# 由于 y 是运算而创建的，因此 grad_fn 属性不是空
print(y.grad_fn)    # 输出类似<AddBackward0 object at 0x00000096768B1708>
# 进行更多运算
z = y * 2
out = z.mean()    # 求张量的均值，实例方法
print(out)        # 输出 tensor(12., grad_fn=<MeanBackward0>)
```

上面代码中，首先创建了张量，并指定 requires_grad 属性为 True，因为这是一个新创建的张量，它的 grad 和 grad_fn 属性均为空。然后经过加法、乘法和取均值运算，我们得到了 out 这个最终结果。注意：现在 out 只有单个元素，它是一个标量值。下面在 out 上执行自动微分运算，并输出 t 的梯度（d(out)/d(x)微分运算的结果），代码如下。

```
out.backward()           # 自动微分运算，注意 out 是标量值
# 下面输出 t 的梯度，也就是 d(out)/d(x)微分运算的结果
print(t.grad)            # 输出 tensor([[0.5000, 0.5000],[0.5000, 0.5000]])
```

当张量的 requires_grad 属性为 True 时，PyTorch 一直跟踪记录此张量的运算；当不

需要跟踪计算时，可以通过将代码块包装在 with torch.no_grad():上下文中，防止 PyTorch 继续跟踪此张量的运算，代码如下。

```
print(t.requires_grad)          # 输出 True，PyTorch 跟踪此张量的运算
print((t + 2).requires_grad)    # 输出 True，PyTorch 跟踪此张量的运算
# 将代码块包装在 with torch.no_grad(): 上下文中
with torch.no_grad():
    print((t + 2).requires_grad)# 输出 False，PyTorch 没有继续跟踪此张量的运算
```

也可使用 tensor.detach()方法获得具有相同内容但不需要跟踪运算的新张量，可以认为是获取张量的值，代码如下。

```
print(out.requires_grad)        # 输出 True
s = out.detach()                # 获取 out 的值，也可以使用 out.data()方法
print(s.requires_grad)          # 输出 False
```

可使用 requires_grad_()方法就地改变张量的这个属性，当我们希望模型的参数不再随着训练变化时，可以使用此方法，代码如下。

```
print(t.requires_grad)          # 输出 True
t.requires_grad_(False)         # 就地改变 requires_grad 为 False
print(t.requires_grad)          # 输出 False
```

3.4 本 章 小 结

本章讲解了张量的创建、PyTorch 数据类型、张量运算、张量自动微分等基础知识，这是 PyTorch 中比较基础的内容，也是后面章节的基础，读者要注意掌握。

第4章
分类问题与多层感知器

在第 2 章中演示了使用 PyTorch 创建简单线性回归模型。本章我们来看一个更常见的问题——分类问题。回归问题的预测结果是一个连续值，而分类问题的预测结果是确定的几种分类，例如我们预测一场球赛的结果只有 3 种：赢、输和平局，这便是分类问题。分类问题在现实生活中更常见，在深度学习中也有更多的应用。如何解决分类问题将是本书重点讲解的内容之一。

4.1　torchvision 库

torchvision 库是 PyTorch 中用来处理图像和视频的一个辅助库，属于 PyTorch 项目的一部分。在本书第 1 章 PyTorch 安装过程中已一并安装了此库。PyTorch 通过 torchvision 库提供了一些常用的数据集、模型、转换函数等。torchvision 库提供的内置数据集可用于测试、学习和创建基准模型，本章将使用 torchvision 库加载内置的数据集进行分类模型的演示。

为了统一数据加载和处理代码，PyTorch 提供了两个类用以处理数据加载，它们分别是 torch.utils.data.Dataset 类和 torch.utils.data.DataLoader 类，通过这两个类可使数据集加载和预处理代码与模型训练代码脱钩，从而获得更好的代码模块化和代码可读性。关于如何创建自定义的 Dataset 类将在后面的章节介绍。本章我们需要知道，torchvision 加载的内置图片数据集均继承自 torch.utils.data.Dataset 类，因此可直接使用加载的内置数据集创建 DataLoader。

4.2　加载内置图片数据集

PyTorch 的内置图片数据集均在 torchvision.datasets 模块下，包含 Caltech、CelebA、

CIFAR、Cityscapes、COCO、Fashion-MNIST、ImageNet、MNIST 等很多著名的数据集。其中 MNIST 数据集是手写数字数据集，这是一个很适合入门者学习使用的小型计算机视觉数据集，它包含 0～9 的手写数字图片和每一张图片对应的标签。下面以此数据集为例学习如何加载使用内置图片数据集。加载内置图片数据集的代码如下。

```python
import torchvision                     # 导入 torchvision 库
from torchvision.transforms import ToTensor

train_ds = torchvision.datasets.MNIST('data/',
                                      train=True,
                                      transform=ToTensor(),
                                      download=True
                                      )

test_ds = torchvision.datasets.MNIST('data/',
                                     train=False,
                                     transform=ToTensor(),
                                     download=True
                                     )
```

上述代码中，首先导入了 torchvision 库，并从 torchvision.transforms 模块下导入 ToTensor 类。torchvision.transforms 模块包含了转换函数，使用它可以很方便地对加载的图像做各种变换，具体的转换将在第 11 章中做详细的演示。在这里我们用到了 ToTensor 类，该类的主要作用有以下 3 点。

（1）将输入转换为张量。

（2）将读取图片的格式规范为(channel,height,width)，这与读者以前经常遇到的图片格式可能有些区别，PyTorch 中的图片格式一般是通道数（channel）在前，然后是高度（height）和宽度（width）。

（3）将图片像素的取值范围归一化，规范为 0～1。

上述加载代码中，通过 torchvision.datasets.MNIST 方法加载 MNIST 数据集，方法中的第一个参数 data/表示下载数据集存放的位置，这里放在了当前程序目录下的 data 文件夹中；参数 train 表示是否是训练数据，若为 True，则加载训练数据集，若为 False，则加载测试数据集；使用参数 transform 表示对加载数据的预处理，参数值为 ToTensor()；最后一个参数 download=True 表示将下载此数据集，一旦下载完成后，下一次执行此代码时，将优先从本地文件夹直接加载。如果读者的计算机不能连接互联网，也可以直接将文件复制到 data 文件夹中，这样就能从本地直接加载数据了。

现在我们得到了两个数据集，分别是训练数据集和测试数据集，PyTorch 还提供了

torch.utils.data.DataLoader 类用以对数据集做进一步的处理，DataLoader 接收数据集，并执行复杂的操作，如小批次处理、多线程、随机打乱等，以便从数据集中获取数据。它接收来自用户的 Dataset 实例，并使用采样器策略将数据采样为小批次。DataLoader 主要有以下 4 个目的。

（1）使用 shuffle 参数对数据集做乱序的操作。一般情况下，需要对训练数据集进行乱序的操作。因为原始的数据在样本均衡的情况下可能是按照某种顺序进行排列的，如数据集的前半部分为某一类别的数据，后半部分为另一类别的数据。但经过打乱顺序之后，数据的排列就会拥有一定的随机性，在顺序读取的情况下，读取一次得到的样本为任何一种类型数据的可能性相同。这样可避免出现模型反复依次序学习数据的特征或者学习到的只是数据的次序特征的情况。

（2）将数据采样为小批次，可用 batch_size 参数指定批次大小。我们在 2.2 节中同时对输入和标签迭代送入模型进行训练，这样单个样本训练有一个很大的缺点，就是损失和梯度会受到单个样本的影响，如果样本分布不均匀，或者有错误标注样本，则会引起梯度的巨大震荡，从而导致模型训练效果很差。为了解决此问题，可考虑使用批量数据训练（也叫作批量梯度下降算法），通过遍历全部数据集算一次损失函数，然后计算损失对各个参数的梯度，并更新参数。这种训练方式每更新一次，参数都要把数据集里的所有样本都看一遍，不仅计算开销大，而且计算速度慢。为了克服上述两种方法的缺点，一般采用的是一种折中手段进行损失函数计算：即把数据分为若干个小的批次（batch），按批次来更新参数，这样，一个批次中的一组数据共同决定了本次梯度的方向，大大降低了参数更新时的梯度方差，下降起来更加稳定，减少了随机性。与单样本训练相比，小批次训练可利用矩阵操作进行有效的梯度计算，计算量也不是很大，对计算机内存的要求也不高。

（3）可以充分利用多个子进程加速数据预处理。num_workers 参数可以指定子进程的数量。

（4）可通过 collate_fn 参数传递批次数据的处理函数，实现在 DataLoader 中对批次数据做转换处理（关于这个转换，将在第 15 章中演示）。

```
train_dl = torch.utils.data.DataLoader(train_ds, batch_size=64,
shuffle=True)
test_dl = torch.utils.data.DataLoader(test_ds, batch_size=46)
```

上述代码中分别创建了训练数据和测试数据的 DataLoader，并设置它们的批次大 小为 64，对训练数据设置了 shuffle 为 True；对测试数据，由于仅仅作为测试，没必要做乱序。

DataLoader 是可迭代对象，我们观察它返回的数据集的形状，以方便读者对 DataLoader 和 MNIST 数据集有一个直观的印象，代码如下。

```
imgs, labels = next(iter(train_dl))# 创建生成器，并用 next 方法返回一个批次的
数据
print(imgs.shape)                   # 输出 torch.Size([64, 1, 28, 28])
print(labels.shape)                 # 输出 torch.Size([64])
```

上述代码中使用 iter 方法将 DataLoader 对象创建为生成器，并使用 next 方法返回了一个批次的图像（imgs）和对应的一个批次的标签（labels），imgs.shape 为 torch.Size([64, 1, 28, 28])，如何理解这个 shape 呢？很显然，这里的 64 是批次，我们可以认为这代表 64 张形状为(1, 28, 28)的图片，其中 1 为通道数，28 和 28 分别表示高和宽；既然这里有 64 张图片，对应的也应该有 64 个标签，也就是 labels.shape 所显示的 torch.Size([64])。

下面通过绘图来看一下 MNIST 数据集中的这些图片是什么样子的。使用 Matplotlib 库绘图，绘制 imgs 中的前 10 张图片，代码如下。

```
plt.figure(figsize=(10, 1))         # 创建画布
for i, img in enumerate(imgs[:10]):
    npimg = img.numpy()             # 将张量转为 ndarray
    npimg = np.squeeze(npimg)       # 图片形状由(1,28,28)转为(28,28)
    plt.subplot(1, 10, i+1)         # 初始化子图，3 个参数表示 1 行 10 列的第 i+1 个子图
    plt.imshow(npimg)               # 在子图中绘制单张图片
    plt.axis('off')                 # 关闭显示子图坐标
```

绘图结果如图 4-1 所示。

图 4-1　MNIST 数据集

接下来可以打印对应的标签，观察图片与标签是否是对应的，代码如下。

```
print(labels[:10])                  # 输出 tensor([5, 0, 0, 4, 0, 1, 3, 0, 8, 0])
```

很明显，图片与标签是对应的，这便是本章要使用的 MNIST 内置手写数字数据集。

4.3　多层感知器

在本书的第 2 章中，读者了解了线性回归模型及如何使用 PyTorch 编写代码实现线性回归模型。线性回归模型是一种非常简单的模型，可以把线性回归模型看成是一个单

个的神经元，它实际上完成了两个步骤。

（1）对输入特征的加权求和。

（2）将结果通过传递函数（或激活函数）输出。

这里提到了一个概念——传递函数，从线性回归的例子可以看出，在回归问题上，输出并没有做激活，仅仅是直接输出。

单个的神经元所完成的任务就是对所有输入的特征乘以权重（w）、加上偏置（b）。例如，输入有 3 个特征，分别为 x_1、x_2、x_3，那么线性回归模型所做的就是对这些输入特征乘以权重（w）、加上偏置（b），使用激活函数（*Activation*）激活后，得到输出（*Prediction*），公式如下。

$$Prediction = Activation(w_1 \times x_1 + w_2 \times x_2 + w_3 \times x_3 + b)$$

当然，在回归问题上并不需要激活函数，或 *Activation* 相当于将计算结果直接传递输出。上面这个公式可看作一个多变量的线性回归模型，一旦通过训练得到了模型的参数值（也就是 w_1、w_2、w_3 和 b 的值），就可以使用这个模型做多变量的预测，只需要将参数代入上面的公式即可。

总结线性回归的例子和上面的讲解，可以看出单个神经元的一般结构如图 4-2 所示。

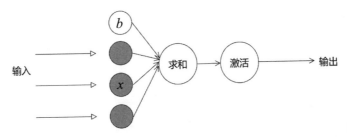

图 4-2　单个神经元结构

这里神经元是单层的，也就是说，只有一层计算就输出了结果，没有什么深度。那什么是深度学习呢？所谓深度学习就是使用更深层的网络来学习，而不是只有一层。这种只有一层的模型，我们叫作浅层学习，经典机器学习中经常使用这种网络。浅层学习有一个缺陷，也就是单层神经元的一个缺陷，它无法拟合异或运算，异或运算看上去非常简单，异或运算示例如表 4-1 所示。

表 4-1　异或运算示例

a	运　算　符	b	结　　果
0	⊕	0	0
1	⊕	0	1

续表

a	运　算　符	b	结　果
0	⊕	1	1
1	⊕	1	0

但是看似简单，使用单个的神经元的缺陷却没有办法解决。单个神经元要求数据必须是线性可分的，异或问题无法找到一条直线分割这两个类，这个问题使得神经网络的发展停滞了很多年。当然，对于无法线性可分的问题，在经典机器学习中可以通过将特征映射到高维空间来实现线性可分。

为了解决此问题，人们提出了使用多层神经元创建模型。多层神经元互相连接，使得模型的深度大大增加，这也是深度学习这个名字的由来。多层神经元互相连接一般称为多层感知器或者神经网络。

那为什么叫它神经网络呢？人们解决拟合异或问题，其实受到了生物神经元的启发。生物大脑中的神经元是互相连接的，构成的神经网络彼此连接变得非常的深，当一个信号传递到某一个神经元，如果信号达到了一定的强度，此神经元会被激活，将信号往下传递；如果传递过来的信号没有激活此神经元，这个信号就不再往下传递。这便是大脑中神经元大致的工作原理。它有以下两个特点。

（1）互相连接，网络非常深。

（2）对信号有一个判断或激活。

深度学习或神经网络的工作方式与生物大脑神经元的这种传递的特点类似，为了继续使用神经网络拟合异或问题或者解决各种不具备线性可分的问题，人们想出了一个方法，就是在神经网络的输入和输出之间插入更多的神经元。如图4-3所示为多层感知器的图示。

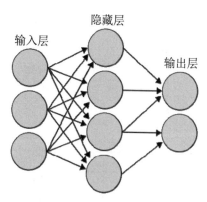

图4-3　多层感知器图示

图 4-3 中输入层（input）和输出层（output）之间插入了一个隐藏层（hidden），这样使得网络层数变深，我们称它为多层感知器。在多层感知器这个网络结构中，每一层之间的所有单元均互相连接，每一个单元均与前一层所有单元连接，所以我们也称这样的网络为全连接网络。

多层感知器的显著特点是包含多层神经元，图 4-3 中只有一个隐藏层，实际上可以添加更多的层，层越多，模型的拟合能力会越大（后面章节还会讲到这个问题）。

4.4　激　活　函　数

下面来讲解激活函数。首先，为什么要激活？激活也是模拟了上面提到的生物大脑中神经元的工作原理，大脑中神经元会对接收到的信号进行考察，如果此信号满足一定条件，神经元才会将信号往下输出，反之就不往下传递了。激活函数的作用也类似，激活会为网络带来非线性，使得网络可以拟合非线性问题等更多复杂问题，大大增强网络的拟合能力。假如没有激活函数，无论输入与输出之间插入多少层，整个网络仍然是一个线性网络，它还是只能拟合线性问题。总结起来，激活函数为网络带来了非线性，使得网络可以拟合各种各样复杂的问题。神经网络中常见的激活函数有 ReLU、Sigmoid、Tanh、LeakyReLU 等。

4.4.1　ReLU 激活函数

ReLU 也叫修正线性单元，是目前应用最多的一个激活函数，在当前大部分模型中，都使用 ReLU 函数作为激活函数，其公式如下。

$$f(x) = \max(x, 0)$$

ReLU 激活函数图像如图 4-4 所示。

ReLU 激活函数的特点是，如果一个输入是大于 0 的，将其往后传递，反之则输出 0，ReLU 激活函数在实际应用中几乎是当前最受欢迎的激活函数，它是大多数神经网络的默认选择。在 PyTorch 中有内置的 torch.relu() 方法用来实现 ReLU 激活，代码如下。

```
input = torch.randn(2)          # 生成随机 input
print(input)                    # 输出类似 tensor([-1.4790, 0.2419])
output = torch.relu(input)      # 对输入激活得到输出
print(output)                   # 输出类似 tensor([0.0000, 0.2419])
```

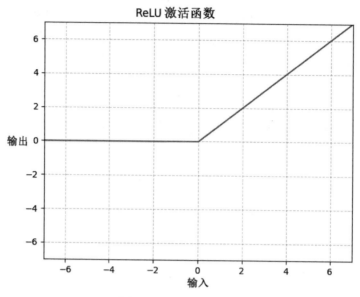

图4-4　ReLU 激活函数

代码中可以看到如果输入中有小于 0 的元素，输出会被置为 0。

4.4.2　Sigmoid 激活函数

Sigmoid 激活函数是神经网络早期最常用的激活函数，其公式如下。

$$\text{Sigmoid}(x)=1/(1+e^{-x})$$

Sigmoid 激活函数图像如图 4-5 所示。

从图 4-5 中可以看到，Sigmoid 函数的输出为 0～1，其在输入 0 附近的曲线斜率比较大，在远离 0 的部分的曲线斜率接近于 0。Sigmoid 函数也常作为逻辑回归问题的输出函数，这时 Sigmoid 的输出可以认为是一个是或否的概率值，常用来解决二分类问题，这一点在第 18 章中将会使用到。如果读者对经典机器学习中的逻辑回归有所了解的话，就会发现，逻辑回归模型的输出层就使用了 Sigmoid 函数。Sigmoid 函数在深度学习的早期是最常用的中间层激活函数，但是后来逐渐被 ReLU 函数所取代，这是因为 Sigmoid 函数在远离 0 这个中心点的区域几乎接近于水平线，会导致梯度的大大衰减，甚至发生梯度消失，使得模型不容易训练。在 PyTorch 中有内置的 torch.sigmoid() 方法用来实现 Sigmoid 激活，代码如下。

```
input = torch.randn(2)
output = torch.sigmoid(input)          # 使用 Sigmoid 函数激活，输出为(0, 1)
```

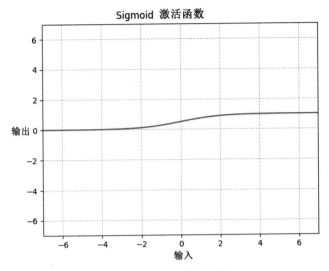

图 4-5　Sigmoid 激活函数

4.4.3　Tanh 激活函数

Tanh 激活函数，又叫作双曲正切激活函数，其公式如下。

$$\text{Tanh}(x) = (e^x + e^{-x}) / (e^x - e^{-x})$$

Tanh 激活函数的图像如图 4-6 所示。

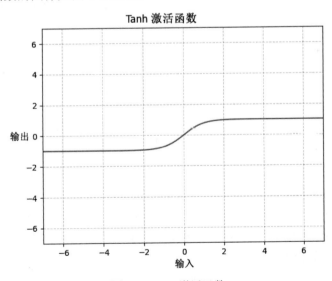

图 4-6　Tanh 激活函数

在形状上，Tanh 激活函数类似 Sigmoid 激活函数，但是它的中心位置是 0，其输出为(-1 , 1)。Tanh 激活函数的一个常见的使用场景是对生成模型的输出做激活，从而使得输出规范为(-1, 1)。PyTorch 的内置函数 torch.tanh()用来实现双曲正切激活函数。

```
input = torch.randn(2)
output = torch.tanh(input)    # 对输入使用 Tanh 函数激活，输出为(-1, 1)
```

4.4.4　LeakyReLU 激活函数

LeakyReLU 激活函数（带泄漏单元的 ReLU）的数学表达式如下。

$$y = \max(0, x) + leak \times \min(0, x)$$

LeakyReLU 激活函数的图像如图 4-7 所示。

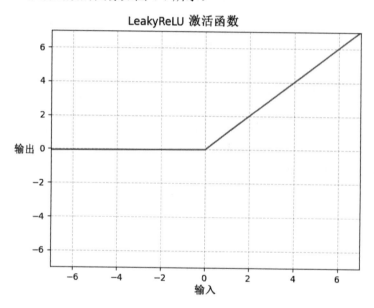

图 4-7　LeakyReLU 激活函数

与 ReLU 激活函数将所有的负值都设为零不同，LeakyReLU 激活函数给所有负值赋予一个小的非零斜率 *leak*，这样保留了一些负轴的值，使得负轴的信息不会全部丢失。实际中，LeakyReLU 激活函数中的 *leak* 取值一般比较小，使用 LeakyReLU 函数激活后，在反向传播过程中，LeakyReLU 激活函数输入小于零的部分，也可以计算得到梯度。这有利于一些情况下的模型训练，例如后面会讲到的生成器模型。

PyTorch 中有内置的 LeakyReLU 实现，代码如下。

```
m = nn.LeakyReLU(0.1)          # 初始化 LeakyReLU，参数表示负轴部分的斜率
input = torch.randn(2)
output = m(input)              # 使用 LeakyReLU 函数对输入激活
```

4.5　本章小结

　　本章讲解了深度学习中的一些重要的基本概念，如多层感知器和激活函数，除本章介绍过的激活函数外，还有很多比较著名的激活函数，如 ELU、ReLU6、PReLU、SELU等。激活函数也可以自定义，只要一个函数是线性可导的，就可以拿来作为激活函数，如需自定义激活函数，读者可自行了解学习这部分内容。本章还向读者演示了如何加载内置数据集，内置数据集在我们学习和研究时使用非常方便，读者应该掌握。

第 5 章
多层感知器模型与模型训练

第 4 章我们学习了 PyTorch 如何加载内置图片数据集，并得到了两个 dataloader：train_dl 和 test_dl，还了解了多层感知器原理、结构和常用的激活函数，本章接着第 4 章的内容，来创建一个多层感知器模型，并使用输入数据 train_dl 和 test_dl 进行训练和测试。

5.1 多层感知器模型

为了解决 MNIST 手写数字分类的问题，创建一个简单的多层感知器，这个模型仍然使用 torch.nn.Linear 层创建。torch.nn.Linear 层是全连接层，本质上就是对全部输入加权求和，它要求输入数据集的形状为一维的，如果使用批量运算，则增加一个 batch 维，也就是需要输入数据是二维的形状，第一维是 batch 维，第二维是数据特征，即(batch_size, feature_length)形式。

通过第 4 章打印 train_dl 中迭代的数据集的形状，train_dl 返回每个批次的 imgs 的形状，即 torch.Size([64, 1, 28, 28])。

显然这个输入无法直接交给 Linear 层处理，这里可以对输入使用 view()方法更改其形状为二维的，这样就可以直接交给 Linear 层计算了。本章创建的多层感知器使用两个 Linear 层作为中间隐藏层，每一层使用 ReLU 函数激活，最后输出分类数，模型代码如下。

```
from torch import nn

class Model(nn.Module):                    # 创建模型，继承自 nn.Module
    def __init__(self):
        super().__init__()
        # 第一层输入展平后的特征长度 28×28，创建 120 个神经元
        self.liner_1 = nn.Linear(28×28, 120)
        # 第二层输入的是前一层的输出，创建 84 个神经元
```

```
        self.liner_2 = nn.Linear(120, 84)
        # 输出层接收第二层的输入 84，输出分类个数 10
        self.liner_3 = nn.Linear(84, 10)

    def forward(self, input):
        x = input.view(-1, 28*28) # 将输入展平为二维，(1, 28, 28)→(28*28)
        x = torch.relu(self.liner_1(x))# 连接第一层 liner_1 并使用 ReLU 函数激活
        x = torch.relu(self.liner_2(x))# 连接第二层 liner_2 并使用 ReLU 函数激活
        x = self.liner_3(x)          # 输出层，输出张量的长度，与类别数量一致
        return x
```

上述代码中创建了 3 个 Linear 层，第一层接收的是 view()方法修改形状为二维数据后的图片输入，也就是 28×28，会发现我们在初始化层时，不用考虑 batch 这个维度，因为框架默认第一维是 batch 维，框架会根据批次大小自动处理，不需要在编写代码时体现，所以第一个 Linear 层的第一个参数是输入维度的长度，也就是 28×28；第二个参数表示输出维度，这个参数是我们自己决定的，这里设置为 120。那就是表示第一层会创建 120 个神经元，也就是输出的维度长度为 120。为了方便理解，我们用简单的绘图来表示这一层，Linear 层示意图如图 5-1 所示。

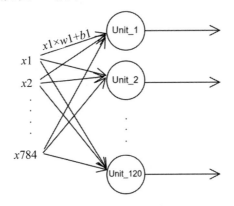

图 5-1　Linear 层示意图

图 5-1 中输入的维度为 784，连接到 120 个神经元，得到 120 个输出，这正是第一层 self.liner_1 所完成的，这里每一个连接都是框架通过随机初始化一个权重和一个偏置进行加权求和实现的。理解了第一个 Linear 层之后，后面的第二层就很容易理解了，第二层的输入是前一层的输出，也就是输入维度为 120，第二层创建 84 个神经元，所以 2 个参数是(120, 84)，第三个 Linear 层是输出层，输出层的输出维度大小为分类个数。这里数据集是 MNIST 手写数字分类数据集，共有 10 类手写数字图片，所以最后一层参数为(84, 10)。

如何理解这个输出呢？我们在处理多分类问题时，常常使用 softmax 函数使模型输出 C 个可能不同的值上的概率（C 代表类别数）。softmax 函数的公式如下。

$$\sigma(z_i) = \frac{e^{z_i}}{\sum_{j=1}^{C} e^{z_j}}, \quad i=1,2,...,C$$

模型的返回值为含 C 个分量的概率向量，每个分量对应一个输出类别的概率。由于输出 C 个分量为概率，经过 softmax 函数计算的 C 个分量之和始终为 1。这样，我们想知道预测结果的话，只需要计算一下哪一个类别的概率取值最大，就表示模型预测的是哪一个类别。可以看出，softmax 函数相当于一个归一化函数，将输出长度为 C 的张量归一化为类别概率。细心的读者会发现，上面模型输出并没有使用 softmax 函数，而是直接输出了长度为 C 的张量，这是因为我们想要预测的是输出类别，也就是计算哪一个位置代表的这一类输出概率最大，因此，只需要查看输出的张量中哪一个位置的值最大即可，即没必要使用 softmax 函数归一化这些值也能直接得到预测结果。

5.2 损 失 函 数

下面重点讲解分类模型的损失函数。在处理分类问题时，继续使用解决线性回归问题的均方误差作为损失函数当然也是可以的，但效果不是很好。如果我们将输出使用 softmax 函数计算，那么分类问题的输出是一个分布概率，也就是在 C 个可能不同类别上的分布概率，我们设计的损失函数应该体现模型输出的概率分布与实际的概率分布之间的损失。均方误差所惩罚的是与损失为同一数量级的情形，在分类问题上使用均方误差并不合适，例如一个三分类问题，模型的输出是一个类似 (0.2, 0.3, 0.5) 这样的概率分布，而实际的标签是 (0, 1, 0)，显然两者之间的均方误差损失太小，根据损失反向传播优化参数会特别的慢，甚至不能训练。

对于这种概率分布类型的问题，一般采取如下的交叉熵（cross entropy）损失函数会更为有效。单个样本的交叉熵损失计算公式如下。

$$-\sum_{n=1}^{C} y_{o,n} \log(p_{o,n})$$

公式中各参数的含义如下。

☑ C——类别数。

☑   log——对数运算。

☑ $y_{o,n}$——符号函数（0 或者 1），如果样本 o 的真实类别等于 n，取 1，否则取 0。

☑ $p_{o,n}$——观测样本 o 属于类别 n 的预测概率。

根据以上公式对所有样本计算损失后，求平均的结果就是交叉熵损失。交叉熵相比均方误差更适合度量概率分布损失，当概率分布差异较大时，它可以输出了一个更大的损失值（惩罚），甚至接近于无穷大，从而使模型参数更新更快、学习速度更快。交叉熵损失函数的放大作用使得训练完成后，模型不太可能做出错误预测。因此，交叉熵更适合作为分类模型的损失函数。总之，当分类问题结合交叉熵作为损失函数时，它可以放大分类损失，在模型效果差的时候学习速度比较快，在模型效果好的时候损失变小，学习速度变慢。

PyTorch 内置了计算交叉熵损失的函数，初始化交叉熵损失函数的代码如下。

```
loss_fn = nn.CrossEntropyLoss()    # 初始化交叉熵损失函数
```

该损失函数结合了 nn.LogSoftmax() 和 nn.NLLLoss() 两个函数，读者可以认为它融合了 softmax 计算和交叉熵损失计算，这也正好说明了为什么不在模型的输出那里做 softmax 计算的原因，就是因为选择 nn.CrossEntropyLoss() 时，损失函数会在内部对输出进行 softmax 计算，然后再将得到的概率分布与实际的分布做交叉熵损失计算。nn.CrossEntropyLoss() 损失函数在做分类训练时是最常使用的损失函数。此损失函数有两个可能用到的参数：一是 weight，使用此参数可给予不同类别以不同的权重，有利于解决类别不均衡的问题；二是 ignore_index，此参数用于忽略某一类别带来的损失，常用在图像语义分割中，个别类别我们并不在乎是否可以正确分割，可用此参数忽略其带来的损失。还要特别注意，nn.CrossEntropyLoss() 损失函数要求实际类别为数值编码形式，也就是 0，1，2，…，C 等这样的类别编码形式，而不是独热编码。可以注意到，第 4 章加载的 MNIST 数据集的标签正是这种形式，因此可以直接使用此损失函数计算损失。

5.3 优 化 器

优化是调整模型参数以减少每个训练步骤中的模型误差的过程。优化算法定义此过程的执行方式，所有优化逻辑都封装在优化器对象中。在此示例中，我们使用随机梯度下降优化器，也就是 SGD 优化器，此外，PyTorch 中内置了许多不同的优化器，如 Adam 和 RMSProp 等，它们更适用于不同类型的模型和数据，尤其以 Adam 优化器最常用。PyTorch 的优化器均在 torch.optim 模块下，代码如下。

```
optimizer = torch.optim.SGD(model.parameters(), lr=0.001)    # 初始化优化器
```

以上代码初始化了内置的 SGD 优化器，它有两个最重要的参数。

☑ params，表示需要优化的模型参数。可调用模型的 model.parameters()方法以生成器形式返回模型中需要优化的参数。

☑ lr，表示学习速率（learning rate），类型为 float，用来指定优化速率。

5.4　初始化模型

下面代码首先获取当前环境可用的训练设备（CPU 或 GPU），然后初始化前面编写的多层感知器模型，并在初始化模型后设置模型使用当前可用的 device。

```
device = "cuda" if torch.cuda.is_available() else "cpu"
print("Using {} device".format(device))# 如果安装了GPU版本,显示Using cuda device
model = Model().to(device)              # 初始化模型,并设置模型使用device
```

5.5　编写训练循环

前面已经将训练和测试数据、优化器、损失函数和模型等全部准备好了，下面编写训练循环。为了方便以后代码复用，我们将编写一个训练函数 train()和一个测试函数 test()，在这两个函数中分别对全部训练数据和全部测试数据进行一次训练或测试。下面先来看 train()函数的代码，注意阅读代码注释。

```
def train(dataloader, model, loss_fn, optimizer):
    size = len(dataloader.dataset)        # 获取当前数据集样本总数量
    num_batches = len(dataloader)         # 获取当前 dataloader 总批次数
    # train_loss 用于累计所有批次的损失之和, correct 用于累计预测正确的样本总数
    train_loss, correct = 0, 0
    for X, y in dataloader:               # 对 dataloader 进行迭代
        X, y = X.to(device), y.to(device)# 每一批次的数据设置为使用当前 device
        # 进行预测, 并计算一个批次的损失
        pred = model(X)
        loss = loss_fn(pred, y)           # 返回的是平均损失
        # 使用反向传播算法, 根据损失优化模型参数
        optimizer.zero_grad()             # 将模型参数的梯度先全部归零
        loss.backward()                   # 损失反向传播, 计算模型参数梯度
        optimizer.step()                  # 根据梯度优化参数
```

```
    with torch.no_grad():
        # correct 用于累计预测正确的样本总数
        correct += (pred.argmax(1) == y).type(torch.float).sum().item()
        # train_loss 用于累计所有批次的损失之和
        train_loss += loss.item()
# train_loss 是所有批次的损失之和，所以计算全部样本的平均损失时需要除以总批次数
train_loss /= num_batches
# correct 是预测正确的样本总数，若计算整个 epoch 总体正确率，需除以样本总数量
correct /= size
return train_loss, correct
```

在上述代码中的 train()函数中，首先使用 len(dataloader.dataset)获取训练数据集样本
总数量，使用 len(dataloader)获取当前 dataloader 总批次数；然后对传进来的训练数据
dataloader 进行迭代，在迭代过程中，首先调用模型对当前批次的输入进行预测，并根据
真实标签 y 计算一个批次中样本的平均损失；然后使用反向传播算法，根据损失优化模
型参数；最后为了方便了解模型随着训练在数据集上的损失和正确率变化情况，初始化
一个 correct 变量，并用它累计所有批次中预测正确的样本总数；初始化一个 train_loss 变
量，用于累计所有批次的损失之和，这里的 train_loss 是所有批次的损失之和，所以计算全
部样本的平均损失时需要除以总批次数，correct 是预测正确的样本总数，计算整个 epoch
总体正确率，需要除以样本总数量。至此就得到了训练中平均正确率和平均损失值。

test()函数代码与 train()函数类似，不过在 test()函数代码中，仅仅测试模型在测试数
据集的表现，也就是计算模型在测试数据集上的正确率和损失，并没有使用反向传播算
法根据损失优化模型参数等部分的代码。

```
def test(dataloader, model):
    size = len(dataloader.dataset)
    num_batches = len(dataloader)
    test_loss, correct = 0, 0
    with torch.no_grad():
        for X, y in dataloader:
            X, y = X.to(device), y.to(device)
            pred = model(X)
            test_loss += loss_fn(pred, y).item()
            correct+=(pred.argmax(1)==y).type(torch.float).sum().item()
    test_loss /= num_batches
    correct /= size
    return test_loss, correct
```

下面就可以开始编写训练循环了，对全部训练数据集训练 50 个 epoch（一个 epoch
代表对全部数据训练一遍），并使用列表记录这 50 个 epoch 训练中训练数据集和测试数

据集上平均损失值和正确率的变化，以便了解模型的训练情况，并思考优化的方向。

```
epochs = 50              # 一个 epoch 代表对全部数据训练一遍

train_loss = []          # 每个 epoch 训练中训练数据集的平均损失被添加到此列表
train_acc = []           # 每个 epoch 训练中训练数据集的平均正确率被添加到此列表
test_loss = []           # 每个 epoch 训练中测试数据集的平均损失被添加到此列表
test_acc = []            # 每个 epoch 训练中测试数据集的平均正确率被添加到此列表

for epoch in range(epochs):
    # 调用 train()函数训练
    epoch_loss, epoch_acc = train(train_dl, model, loss_fn, optimizer)
    # 调用 test()函数测试
    epoch_test_loss, epoch_test_acc = test(test_dl, model)
    train_loss.append(epoch_loss)
    train_acc.append(epoch_acc)
    test_loss.append(epoch_test_loss)
    test_acc.append(epoch_test_acc)
    # 定义一个打印模板
    template = ("epoch:{:2d}, train_loss: {:.5f}, train_acc: {:.1f}% ,"
                "test_loss: {:.5f}, test_acc: {:.1f}%")
    # 输出当前 epoch 的训练集损失、训练集正确率、测试集损失、测试集正确率
    print(template.format(
        epoch, epoch_loss, epoch_acc*100, epoch_test_loss, epoch_test_
acc*100))

print("Done!")
```

训练中循环 50 个 epoch，在每个 epoch 中调用上面编写好的 train()函数和 test()函数执行训练和测试，并将每个 epoch 训练中训练数据集和测试数据集上的平均损失和平均正确率添加到列表中。经过 50 个 epoch 的训练，将打印类似如图 5-2 所示的输出。

```
epoch: 0,  train_loss: 0.03583, train_acc: 12.1% ,test_loss: 0.00910, test_acc: 18.3%
epoch: 1,  train_loss: 0.03529, train_acc: 25.4% ,test_loss: 0.00893, test_acc: 35.0%
epoch: 2,  train_loss: 0.03449, train_acc: 42.1% ,test_loss: 0.00867, test_acc: 48.7%
epoch: 3,  train_loss: 0.03319, train_acc: 53.3% ,test_loss: 0.00822, test_acc: 57.1%
epoch: 4,  train_loss: 0.03095, train_acc: 59.6% ,test_loss: 0.00747, test_acc: 62.6%
epoch: 5,  train_loss: 0.02731, train_acc: 64.3% ,test_loss: 0.00633, test_acc: 67.4%
epoch: 6,  train_loss: 0.02262, train_acc: 69.3% ,test_loss: 0.00509, test_acc: 73.0%
epoch: 7,  train_loss: 0.01828, train_acc: 74.6% ,test_loss: 0.00412, test_acc: 77.8%
epoch: 8,  train_loss: 0.01509, train_acc: 78.5% ,test_loss: 0.00344, test_acc: 80.3%
epoch: 9,  train_loss: 0.01291, train_acc: 80.7% ,test_loss: 0.00299, test_acc: 82.2%
epoch:10,  train_loss: 0.01141, train_acc: 82.3% ,test_loss: 0.00267, test_acc: 83.4%
epoch:11,  train_loss: 0.01032, train_acc: 83.4% ,test_loss: 0.00243, test_acc: 84.5%
epoch:12,  train_loss: 0.00952, train_acc: 84.3% ,test_loss: 0.00226, test_acc: 85.2%
```

图 5-2　模型训练输出

从图 5-2 的输出可以观察到，随着模型训练，train_loss 和 test_loss 在逐渐下降，而 train_acc 和 test_acc 在逐渐上升，这说明训练是有效的。还可以将训练中这些指标绘图，以便更加直观地了解模型训练情况，损失变化绘图代码如下。

```
plt.plot(range(1, epochs+1), train_loss, label='train_loss')
plt.plot(range(1, epochs+1), test_loss, label='test_loss', ls="--")
plt.xlabel('epoch')
plt.legend()
plt.show()
```

训练过程中损失的变化情况如图 5-3 所示。

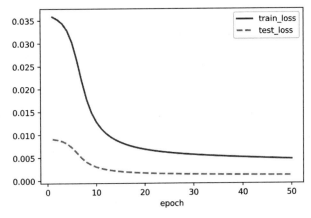

图 5-3　损失变化曲线

正确率变化曲线绘图如图 5-4 所示。

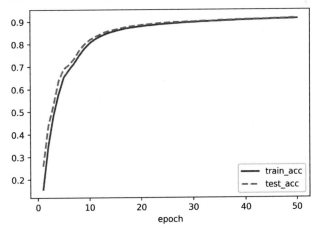

图 5-4　正确率变化曲线绘图

45

```
plt.plot(range(1, epochs+1), train_acc, label='train_acc')
plt.plot(range(1, epochs+1), test_acc, label='test_acc', ls="--")
plt.xlabel('epoch')
plt.legend()
plt.show()
```

通过观察训练曲线可以看到，随着训练 epoch 数量的增加，刚开始时损失在快速下降，到后面时损失曲线越来越平，下降速度变慢；正确率也有类似的特点，随着 epoch 增加，正确率的曲线也接近水平，说明模型训练已经接近饱和，继续训练不能更好地优化模型，此时我们可以停止训练了。

5.6　本章小结

至此，MNIST 手写数据集多层感知器模型就创建并训练完毕。结合第 4 章读取部分，这是一个完整的训练示例，读者可借鉴本章示例编写自己的分类模型代码，尤其要注意本章定义的 train()、test() 和训练循环代码，在后续的模型训练中会复用这些代码，读者需要掌握这些训练代码的编写。需要特别说明一点，本章处理的是一个十分类的问题，对于二分类或者其他分类数问题，这样的处理思路和损失计算方法仍然是适用的。当然，对于二分类问题 PyTorch 提供了专门计算损失的函数 BCEloss()，参见第 18 章。推荐使用本章的方法处理二分类问题，因为二分类是多分类问题的一种特殊情况，没有必要将其作为一个单独的问题。

第6章
梯度下降法、反向传播算法
与内置优化器

前面章节介绍了线性回归问题和分类问题的完整实例，本章将对所使用的学习算法进行简单的解释，介绍深度学习中最重要的算法：梯度下降法、反向传播算法，以及 PyTorch 中常用的内置优化器。

6.1 梯度下降法

梯度下降法是一种致力于找到函数极值点的算法。通过前面内容的学习可知，所谓"训练"或"学习"就是改进模型参数，以便通过大量训练步骤将损失最小化的过程。训练过程就是求解损失函数最小值的过程。在此过程中将梯度下降法应用于寻找损失函数的极值点便构成了依据输入数据的模型学习。

梯度下降法的思路很简单，就是沿着损失函数下降最快的方向改变模型参数，直到到达最低点。在此过程中，需要求解模型参数的梯度。梯度是一种数学运算，它与导数类似，是微积分中一个很重要的概念，在单变量的函数中，梯度其实就是函数的微分，代表函数在某个给定点的切线的斜率；在多变量函数中，梯度是一个向量，向量有方向，梯度的方向就指出了函数在给定点的上升最快的方向。因此梯度可应用于输入为一个向量、输出为一个标量的函数，损失函数就属于这种类型。因为梯度的方向就是损失函数变化最快的方向，所以当参数沿着梯度相反的方向改变时，就能让函数值下降得最快。所以，我们的训练就是重复利用这个方法反复求取梯度、修改模型参数，直到最后达到损失函数的最小值。

梯度的输出是一个由若干偏导数构成的向量，它的每个分量对应于函数对输入向量的相应分量的偏导，在求偏导时，可将当前变量以外的所有变量视为常数，然后运用单变量求导法则。有一点需要注意，当提及损失函数的输入变量时，指的是模型的参数（权重和偏置），而非实际数据集的输入特征。一旦给定数据集和所要使用的特征类型，这些输入特征便固定下来，无法进行优化。我们所计算的偏导数是损失函数相对于模型中的每个参数而言的，损失函数曲线如图 6-1 所示。

为了更简洁地解释损失优化过程，我们绘制了一个假设的损失函数曲线，如图 6-1 所示。假设上述曲线对应于损失函数曲线。箭头所在的点代表模型参数的当前值，即现在所在的位置。我们需要沿着梯度的反方向移动，在图 6-1 中用箭头表示，因此，为了减小损失，需要沿着箭头向左移动。此外，箭头的长度概念化地表示了如果在对应的方向移动，损失能够下降多少。在训练过程中，我们沿着箭头的方向移动，再次计算梯度，并重复这个过程，直到梯度的模为 0，将到达损失函数的极小值点。这正是训练的目标，这个过程的图形化表示可参考图 6-2。

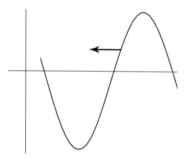

图 6-1　损失函数曲线

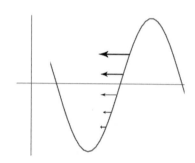

图 6-2　优化过程示例

权重的优化过程可以用公式表示如下。

$$Weights_{i+1} = Weights_i - lr \times \nabla Weights_i$$

式中，lr 表示学习速率（learning rate），用来对梯度进行缩放，新的权重等于当前权重减去权重的梯度乘以学习速率，学习速率并不是模型需要推断的值，它是一个超参数（hyperparameter）。所谓超参数是指那些需要读者手工配置的参数，需要为它指定正确的值。如果学习速率太小，则找到损失函数极小值点时可能需要许多轮迭代，训练过程会非常慢；如果学习速率太大，则算法可能会"跳过"极小值点并且周期性地来回"跳跃"而且永远无法找到极小值点，这种现象被称为"超调"，如图 6-3 所示。

因此，在设定学习速率的值时，我们既希望学习速率足够大，能够快速地进行梯度下降学习，又希望学习速率不能太大，甚至越过最低点，导致模型的损

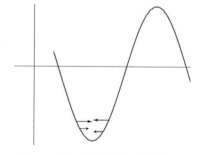

图 6-3　学习速率过大引起的超调

失函数在最低点附近来回跳跃。在实践中，可在模型训练的初期使用较大的学习速率，在训练接近极值点时使用较小的学习速率，从而逼近损失函数极小值点。这是训练的一个技巧，关于如何在 PyTorch 训练中设置变化的学习速率，将在第 10 章中介绍。

　　读者可能会有疑问，为什么要使用学习速率对梯度进行缩放呢？如果不设置学习速率对梯度进行缩放，那么梯度的变化几乎决定于当前训练批次，而忽略了所有之前的训练样本，这显然是不合适的，我们不希望单个样本或者单个批次的样本主导模型学习，而是希望模型能从所有的样本中学习，这就需要通过学习速率对梯度进行缩放，模型在训练循环中，从每一个批次中都得到学习，同时模型参数的变化又不是由单个批次主导的，这样训练出的模型泛化能力才足够好。

　　除了学习速率，还有一些其他问题也会影响梯度下降算法的性能。例如，损失函数的局部极值点。我们再次回到之前的损失函数曲线示例，如果权值的初值靠近损失函数右侧的"谷底"，则该算法的工作过程如图 6-4 所示。

　　如果权重的起始点落在了图 6-4 中第一个箭头位置，随着训练，模型参数将沿着梯度下降的方向移动，直到到达最低点并终止迭代，因为模

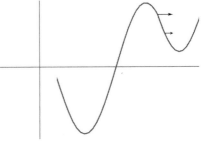

图 6-4　局部极值点问题

型认为已经找到了一个极值点，在这个极值点，梯度的模为 0，但显然这不是全局最小极值点。梯度下降法无法区分迭代终止时到底是到达了全局最小点还是局部极小点，后者往往只在一个很小的邻域内为最优。

　　在深度学习发展的今天，局部极值问题已经不再是研究的重点，因为我们可通过更好的权值随机初始化来改善局部极值点问题。如果权值随机落在了左边，模型就可以找到全局最小值点。通过使用随机值初始化权重，可以增加从靠近全局最优点附近开始下降的机会。从实际训练来看，损失函数总能下降到全局最小点。

6.2　反向传播算法

　　反向传播（back propagation，BP）算法是一种高效计算数据流图中梯度的算法，在多层神经网络的训练中具有举足轻重的地位。多层神经网络的参数多，梯度计算比较复杂，反向传播算法可以用来解决深层参数训练问题。

　　反向传播算法最早出现在 20 世纪 60 年代，大卫·鲁梅尔哈特、杰弗里·辛顿和罗纳

德·威廉姆斯于 1986 年在著名学术期刊《自然》上联合发表题为 *Learning Representations by Back-propagating errors*（通过反向传播算法的学习表征）的论文。该论文首次系统简洁地阐述了反向传播算法在神经网络模型上的应用。在这篇论文中谈到了各种神经网络及训练过程。神经网络训练是通过误差反向传播实现的，通过这种方法，根据前一次运行获得的错误率对神经网络的权值进行微调。详细来说，计算分为两个过程，首先是前馈，也就是输入经过网络得到预测输出，并用预测输出与真实值计算损失；然后反向传播算法根据损失进行后向传递，计算网络中模型的每一个权值的梯度；最后根据梯度调整模型的权值。正确地采用这种方法可以降低错误率，提高模型的可靠性。

总结这个监督学习过程，就是试图找到一个将输入数据映射到正确输出的函数，从而较好地实现某个特定的功能（如分类就是将猫的图片映射到猫这个标签）。具体到前馈神经网络，需要实现的目的很简单，就是希望损失函数达到最小值，因为只有这样，实际输出和预期输出的差值（损失）才最小。那么，如何从众多网络参数（神经元之间的连接权值和偏置）中找到最佳的参数使得损失最小呢？这就应用到了梯度下降（gradient descent）的方法找极值，其中最关键的是，如何计算梯度呢？那就用到了反向传播算法。

在多层神经网络中要计算每一层的梯度，就需要从输出层开始逐层计算，反向传播算法利用链式法则，避开了这种逐层计算的冗余。神经网络中每一层的导数都是后一层的导数与前一层输出之积，这正是链式法则的奇妙之处，误差反向传播算法利用的正是这一特点避免了计算冗余。前馈时，从输入开始逐一计算每个隐藏层的输出，直到输出层；然后开始计算导数，并从输出层经各隐藏层逐一反向传播。为了减少计算量，还需对所有已完成计算的元素进行复用。这便是反向传播算法名称的由来。

6.3　PyTorch 内置的优化器

6.1 节和 6.2 节分别介绍了深度学习中的梯度下降法和反向传播算法等优化算法，具体到 PyTorch 中，框架内置了自动求导模块和优化器，自动求导模块可以根据损失函数对模型的参数进行求梯度运算，这个过程中使用了反向传播算法，而优化器会根据计算得到的梯度，利用一些策略去更新模型的参数，最终使得损失函数下降。可以看出，优化器的功能就是管理和更新模型中可学习参数的值，并通过一次次训练使得模型的输出更接近真实标签。下面重点讲解 PyTorch 中的优化器。

在 PyTorch 中，torch.optim 模块实现了各种优化算法，最常用的优化方法已经得到内置支持，可以直接调用。

6.3.1　SGD 优化器

SGD（stochastic gradient descent，torch.optim.SGD）是最为简单的优化器，它所实现的就是前面介绍的梯度下降算法，当然在梯度下降过程中要使用学习速率缩放梯度。SGD 的缺点在于收敛速度慢，可能在鞍点处震荡，并且，如何合理地选择学习速率是 SGD 的一大难点。针对 SGD 可能在鞍点处震荡这个缺点，可以为其引入动量 Momentum 加速 SGD 在正确方向的下降并抑制震荡，具体使用中可通过参数 momentum 设置。

6.3.2　RMSprop 优化器

RMSprop 优化器（torch.optim.RMSprop）是对 AdaGrad 算法的一种改进。在原始的优化算法中，目标函数自变量的每一个元素在相同时间步都使用同一个学习速率来自我迭代，但是统一的学习速率难以适应所有维度变化不同的问题，因此 RMSprop 根据自变量在每个维度的梯度值的大小来调整各个维度上的学习速率，并且增加了一个衰减系数来控制历史信息的获取多少。也就是说，设置全局学习速率之后，每次通过全局学习速率逐参数除以经过衰减系数控制的历史梯度平方和的平方根，使得每个参数的学习速率不同。

经验上，RMSprop 被证明是有效且实用的深度学习网络优化算法，特别是针对序列问题的训练，使用 RMSprop 会有不错的效果。

6.3.3　Adam 优化器

Adam 优化器（torch.optim.Adam）可以认为是 RMSprop 和 Momentum 的结合。Adam 不仅对二阶动量使用指数移动平均，还对一阶动量也使用指数移动平均计算。这就相当于在 RMSProp 基础上对小批量随机梯度也做了指数加权移动平均。Adam 主要包含以下几个显著的优点。

- ☑　实现简单，计算高效，对内存需求少。
- ☑　参数的更新不受梯度的伸缩变换影响。
- ☑　超参数具有很好的解释性，且通常无须调整或仅需很少的微调。
- ☑　更新的步长能够被限制在大致的范围内（初始学习速率）。
- ☑　能自动调整学习速率。

☑ 适合应用于大规模的数据及参数的场景。

☑ 适用于不稳定目标函数。

☑ 适用于梯度稀疏或梯度存在很大噪声的问题。

工程上，Adam 是目前最常用的优化器，在很多情况下，作为默认优化器都可以获得不错的效果。因此在以后的学习和训练中，可以优先选择使用 Adam 优化器。

6.4　本章小结

本章简单讲解了梯度下降算法和反向传播算法，并在这个过程中介绍学习速率的概念。学习速率是在训练过程中需要特别注意的一个超参数，在实际应用中，过大的学习速率很容易引起梯度的震荡，导致训练失败。当我们观察损失变化曲线时，如果发现损失没有下降趋势，反而在震荡，首先应该想到调整学习速率。本章还介绍了常见的内置优化器，这里最常用的是 Adam 优化器。在后面章节的部分代码中，我们都会使用此优化器。

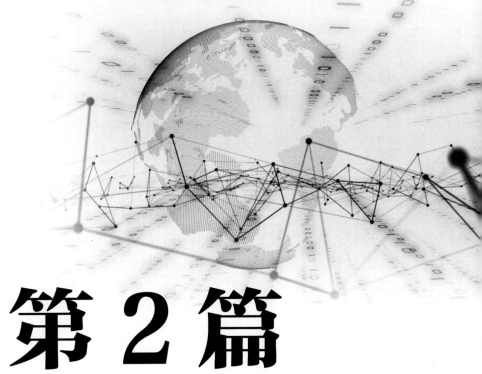

第 2 篇

计算机视觉篇

第 7 章
计算机视觉与卷积神经网络

到目前为止，读者对使用 PyTorch 创建和训练神经网络已经有了一定的了解，本章关注在计算机视觉中广泛使用的卷积神经网络等技术。卷积神经网络（convolutional neural network，CNN）主要用于计算机视觉相关任务，但处理对象并不局限于图像，CNN 在序列和语音等上的应用也展现出了强大的优势。

7.1　什么是卷积神经网络

从技术角度看，卷积神经网络是一种至少包含一个卷积层（torch.nn.conv2d）的神经网络，该层的功能是计算其输入与一组可配置的卷积核的卷积，以生成该层的特征输出。可用一种比较简明的定义描述卷积：卷积的目的是将卷积核（滤波器）应用到某个张量的所有点上，并通过将卷积核在输入张量上滑动而生成经过滤波处理的张量。

这样抽象的解释不容易理解，我们用对单张图片卷积的例子来解释什么是卷积运算以及卷积运算是如何进行的。假如有一张 1000×1000 像素的彩色图片，它的形状是(1000, 1000, 3)，如果仍然使用全连接模型来提取它的特征，仅输入层就需要有 1000×1000×3×2 个参数（每一个像素点都需要初始化一个 w 和 b），这是一个特别庞大的神经网络，对于内存和计算都将是巨大的挑战。如果图片像素更高、多层神经网络的可训练参数就会变得极其庞大，将使模型难以训练甚至无法训练。

CNN 简化了上面的计算过程，在 CNN 提取图片特征时，不再为每一个输入初始化一个权重和偏置，而是初始化一个小的卷积核，卷积核的大小可能是 3×3、5×5 或其他值，使用这个卷积核在图片上滑动，在滑动过程中与图片的不同区域的像素做点乘（实际的卷积运算比这里所说的要复杂，在此仅对原理做解释），这样依次滑过图片得到一个形状为(height_, width_, 1)的张量，这就是提取到的特征。为了更好地提取特征，可以初始化多个卷积核，在图片上面滑动计算卷积，得到更多特征张量，假如有 N 个卷积核，则得到的特征张量为(height_, width_, N)。要注意的是，特征张量的 height_ 和 width_ 与原图的高和宽不一定相同，卷积运算如图 7-1 所示。

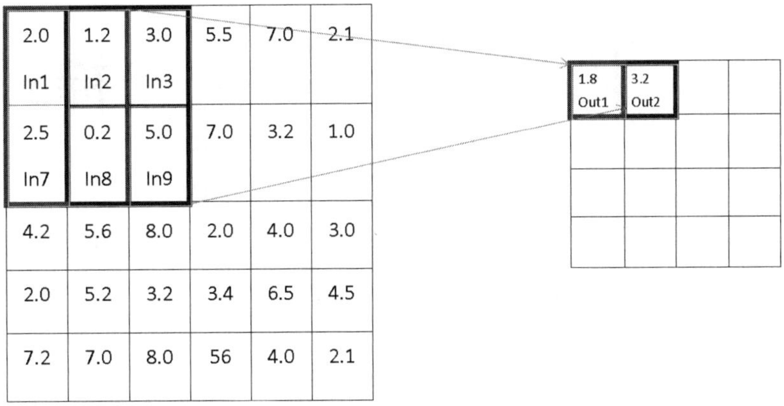

图 7-1　卷积运算

图 7-1 是一个卷积运算，使用了 2×2 的卷积核。首先卷积核与图片左上角的 4 个像素(In1,In2,In7,In8)做卷积运算，得到一个输出 Out1，然后卷积核往后滑动一个像素，这时卷积核与图像中的(In2,In3,In8,In9)做卷积运算，得到第二个输出 Out2，以此类推，卷积核在图片上滑动，与图像中的像素做卷积运算得到一个特征输出张量，这就是卷积计算的过程。一般来说，为了增加拟合能力，卷积计算后会使用激活函数为计算带来非线性，提高卷积运算的特征提取能力。

进行卷积的目的是从输入中提取有用的特征。在早期的图像处理中，人们发现可以选择各种类型的卷积核（filter）来提取图片特征。每种类型的 filter 都有助于从输入图像中提取不同的特征，例如水平、垂直、对角线边缘等特征。在卷积神经网络中，我们仍然通过使用 filter 来提取不同的特征，不同的是，这些 filter 的权重是在训练期间自动学习的，然后将所有这些提取的特征"组合"以做出决策。

读者不难发现，通过使用卷积核提取特征，可训练参数大大减小。例如上面的例子，提取特征仅仅需要训练一个大小为 2×2 的卷积核，整张图片在共享使用这个卷积核的权重计算特征。那么为什么共享一个卷积核，在图片上滑动提取特征这种方式是有效的呢？这就要考虑图片的平移不变性，假设图像右上方有一条小狗，当这条小狗移动到左下方时，它依然是一条小狗，因此希望无论小狗在图片什么位置，提取到的特征都应该是一样的。这样的话，使用一个卷积核在图片上滑动，就能实现特征提取的平移不变性。

在实际应用中，单个卷积核通常被训练对输入数据中某些特征敏感，例如，在图像中卷积核可能学会识别物体的特征——几何形状，如线条、边缘和其他形状。为了更好地提取特特征，我们会训练多个卷积核，这些卷积核经过训练能提取到不同的特征，如图 7-2 所示。

2.0 In1	1.2 In2	3.0 In3	5.5	7.0	2.1
2.5 In7	0.2 In8	5.0 In9	7.0	3.2	1.0
4.2	5.6	8.0	2.0	4.0	3.0
2.0	5.2	3.2	3.4	6.5	4.5
7.2	7.0	8.0	56	4.0	2.1

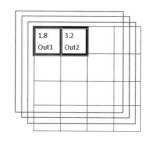

图 7-2　多个卷积核提取特征

在图 7-2 的右侧可以看到，卷积操作中因为使用了多个卷积核提取特征，每一个卷积核都提取了一个 2D 的特征输出，N 个卷积核的输出堆叠在一起就是卷积操作的完整结果 (height_, width_, N)，N 也就是输出特征的通道数。这些通道分别代表了每一个卷积核从图像中提取到的某些关键特征。如果使用小批量数据计算，那么卷积运算的结果将是 (batch, height_, width_, N)。

在 PyTorch 中内置了 torch.nn.Conv2d() 方法在三维图片输入时应用 2D 卷积，其中的最重要参数包括 in_channels、out_channels、kernel_size、stride 和 padding 等。

- ☑ in_channels：代表输入的特征层数，如输入通道数为 3 的彩色图像，则 in_channels=3。
- ☑ out_channels：代表输出的特征层数，也就是卷积核的个数，这是一个超参数。
- ☑ kernel_size：代表卷积核的大小，通常使用 3×3 或者 5×5 这样的小卷积核，这个参数是一个元组，如果卷积核的长和宽一样，可直接指定为 int 数值，如 kernel_size=3。
- ☑ stride：代表跨度，卷积核在图像上是滑动提取特征的，stride 代表每次滑动的步长，图 7-2 中的 stride 为 1，表示步长为 1 个像素，也可使用其他步长，如设置 stride 为 2，则卷积核在图像上每次滑动 2 个像素，显然这样会使输出的特征图像变为大约原来的一半大小，所以 stride 可影响生成的特征图的大小。

- ☑ padding：代表填充，它表示卷积核在图像边缘的处理方式。读者可以注意观察图 7-1，如果使用 3×3 的卷积核提取图片特征，stride 使用默认值 1，那么得到的特征图会比原图小 2 个像素，这时，如果设置 padding 为 1，那就表示原图的 4 条边使用 0（这是默认的填充数值）各填充 1 个像素，原图大小相当于变为 (height+2,width+2, channel)，这样使用 3×3 卷积核得到的特征图大小为(height, width, N)，也就是说，得到的特征图大小与原图一致了。所以，可以通过 padding 来控制卷积得到的特征图大小。

下面是使用 2D 卷积的例子，需要注意的是，在 PyTorch 中使用图片的默认形状为 (channel,height,width)。

```
# 随机生成输入，形状为(20, 3, 256, 256)，可以认为是
# 生成了 20 张大小为(256, 256, 3)的彩色图像
input = torch.randn(20, 3, 256, 256)
# 输入的 channel 为 3，我们使用 16 个卷积核，也就是 out_channels=16
# 卷积核大小设置为 3×3，stride 跨度为 1，padding 填充为 1
conv_layer = nn.Conv2d(3, 16, (3, 3), stride=1, padding=1)# 初始化卷积层
output = conv_layer(input)          # 在输入时调用这个卷积层
print(output.shape)                 # 输出形状为 torch.Size([20, 16, 256, 256])
```

上面代码中可以认为使用随机函数生成了 20 张大小为(256, 256, 3)的图片，由于这里的卷积层使用了 16 个 3×3 的卷积核（out_channels=16）且 padding 为 1，stride 默认也是 1。因此经过卷积层计算得到的特征图长和宽不变，通道数为 16，最后输出的特征形状为 torch.Size([20, 16, 256, 256])。

7.2　池　化　层

在构建卷积神经网络时，会用到一个非常重要的层——池化层。什么是池化层呢？池化层是另一种滑动窗口类型的层，池化层也有一个池化核，但它没有可训练的权重，当池化核在图片上滑动时，会直接应用某种类型的统计函数选择窗口中的内容。最常见的池化层称为最大池化，它会选择池化核中像素的最大值。还有其他变种，如平均池化，平均池化会计算池化核所覆盖像素的平均值，在某些情况下也会使用。在本书中一般使用最大池化。图 7-3 是最大池操作的示例。

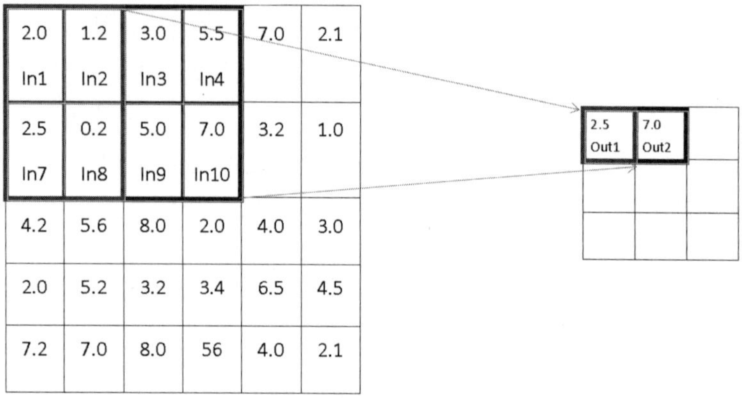

图7-3　最大池化示意图

为什么要使用池化层呢？通过图 7-3 可以看出，最大池化能直接缩小输入的大小，这样池化层向下采样的过程就减少了模型中的参数数量。不仅如此，为了降低参数数量，一般会使用比较小的卷积核，卷积核视野很小。所谓视野，是指卷积核所能覆盖的输入图像的面积，小视野的卷积核只能提取比较小的特征。例如表面纹理，池化层将图像的高和宽减小后，卷积核间接覆盖的区域就会变大，从而能够识别更加抽象的特征。在卷积神经网络中，一般交叉使用卷积层和池化层，这样多层叠加后，特征图像会越来越小，卷积核的视野相当于在不断地放大，从而提取更高阶抽象的特征。

在 PyTorch 中，可选择使用 nn.MaxPool2d()方法来初始化一个最大池化层，但因池化层并没有可训练的参数，在实际构建卷积神经网络时，为了省去池化层初始化这一步，我们常常使用 torch.max_pool2d()方法来直接应用最大池化。这个方法最重要的一个参数是 kernel_size，也就是池化核的大小，举例来说，如果设置池化核的参数 kernel_size=2，池化层计算后，输出的高和宽会变为原来的一半。代码如下。

```
import torch
# 随机生成批次图像，形状为(64, 3, 256, 256)
img_batch = torch.randn((64, 3, 256, 256))
pool_out = torch.max_pool2d(img_batch, kernel_size=(2, 2))# 应用最大池化
print(pool_out.shape)              # 输出形状为torch.Size([64, 3, 128, 128])
```

上述代码中生成了批次图像，形状为(64, 3, 256, 256)，经过最大池化运算后，输出形状为(64, 3, 128, 128)，可以看到图像的高和宽均变为原来的一半，这是因为当调用 torch.max_pool2d()方法应用最大池化时，设置了 kernel_size 为(2, 2)，这表示池化核将从 2×2 大小的输入中选择最大的值作为输出，这样的效果就是高和宽均缩小为原来的一半。

7.3　卷积神经网络的整体架构

如图 7-4 所示是 LeNet-5 卷积神经网络的结构（参见 https://ieeexplore.ieee.org/document/726791/）。LeNet-5 网络是 Yann LeCun 在 1998 年设计的用于手写数字识别的卷积神经网络，曾被美国大多数银行用来识别支票上的手写数字，它是早期卷积神经网络中最有代表性的模型之一。LeNet-5 总共有 7 层，其结构如图 7-4 所示。

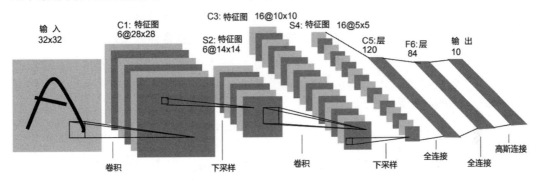

图 7-4　LeNet-5 卷积神经网络模型结构

LeNet-5 模型中主要由 2 个卷积层、2 个池化层、3 个全连接层组成。模型的前面部分是两个卷积层加池化层组合，通过卷积提取特征，然后使用池化层对图片进行下采样；卷积层采用的是 5×5 大小的卷积核，卷积核每次滑动一个像素（stride=1）；池化层采用平均池化，使用 2×2 的池化核，即上一层的 4 个节点求均值得到池化输出，且输入域不重叠，即每次滑动 2 个像素，这样的结果就是经过池化层后图像会变为原来一半大小。

经过卷积和池化处理后，生成的特征图会越来越小，但通道数越来越大，也可以说越来越厚了。卷积部分结束后，通过 2 个全连接层，最后是输出层。

这就是卷积神经网络最早、最经典的架构之一，模型通过交叉使用卷积层和池化层，实现对图片特征的提取和下采样，使得图片越来越小、特征层越来越多，也就是图像越来越厚，最后展平为二维数据，连接全连接层得到输出。后面章节将使用实例来为读者演示 PyTorch 构建卷积神经网络的完整过程。

通过对 LeNet-5 网络结构的分析，读者可以直观地了解卷积神经网络的一般结构形式，有助于后续学习、分析、构建更复杂、更多层的卷积神经网络。LeNet-5 模型也充分证明了 CNN 能够有效提取图像特征、识别图像视觉上的规律。然而，由于当时缺乏大规模训练数据，计算机的计算能力不足，LeNet-5 对于复杂问题的处理结果并不理想。

7.4　本章小结

本章着重讲解了卷积神经网络，对构建卷积神经网络最核心的组件（卷积层和池化层）做了详细的讲解，对卷积神经网络的整体架构做了解析。通过本章的学习，读者应该认识到什么是卷积和卷积神经网络以及卷积神经网络中各个层的作用。在卷积神经网络中，模型最后的全连接层的作用是，使用前面卷积层提取到的全部特征做出预测，也常称这部分为分类器。后续章节会围绕卷积神经网络处理图像问题做进一步的解析。本章内容参考了 Yann LeCun 等人在 1998 年发表的论文 *Gradient-Based Learning Applied to Document Recognition*。关于卷积神经网络的原理，读者可以继续阅读论文 *A guide to convolution arithmetic for deep learning*[①]。

---

① 论文网址为 https://arxiv.org/abs/1603.07285。

第 8 章
卷积入门实例

在本书基础篇讲解了使用全连接模型解决 MNIST 手写数据集分类问题的方法，第 7 章讲解了卷积神经网络，对构建卷积神经网络的组件、卷积神经网络的整体架构做了解析。本章将使用上面讲到的这些知识点，使用卷积神经网络来处理 MNIST 手写数据集分类的问题。

8.1　数 据 输 入

MNIST 数据集的输入处理部分与第 5 章演示完全相同，代码如下。

```
import torchvision
from torchvision.transforms import ToTensor

train_ds = torchvision.datasets.MNIST('data/',
                                      train=True,
                                      transform=ToTensor(),
                                      download=True
                                      )

test_ds = torchvision.datasets.MNIST('data/',
                                     train=False,
                                     transform=ToTensor(),
                                     download=True
                                     )

train_dl = torch.utils.data.DataLoader(train_ds, batch_size=64,
shuffle=True)
test_dl = torch.utils.data.DataLoader(test_ds, batch_size=46)
```

```
imgs, labels = next(iter(train_dl))
print(imgs.shape)              # 输出 torch.Size([64, 1, 28, 28])
print(labels.shape)            # 输出 torch.Size([64])
```

从以上代码中可以看到，train_dl 返回的图片数据是四维的，4 个维度分别代表批次、通道数、高度和宽度(batch, channel, height, width)，这正是 PyTorch 下卷积模型所需要的图片输入格式。

8.2 创建卷积模型并训练

下面创建卷积模型来识别 MNIST 手写数据集。我们所创建的卷积模型先使用两个卷积层和两个池化层，然后将最后一个池化的输出展平为二维数据形式连接到全连接层，最后是输出层，中间的每一层都使用 ReLU 函数激活，输出层的输出张量长度为 10，与类别数一致。代码如下。

```
class Model(nn.Module):
   def __init__(self):
      super().__init__()
      self.conv1 = nn.Conv2d(1, 6, 5)         # 初始化第一个卷积层
      self.conv2 = nn.Conv2d(6, 16, 5)        # 初始化第二个卷积层
      self.liner_1 = nn.Linear(16*4*4, 256)   # 初始化全连接层
      self.liner_2 = nn.Linear(256, 10)       # 初始化输出层
   def forward(self, input):
      # 调用第一个卷积层和池化层
      x = torch.max_pool2d(torch.relu(self.conv1(input)), 2)
      # 调用第二个卷积层和池化层
      x = torch.max_pool2d(torch.relu(self.conv2(x)), 2)
      # view()方法将数据展平为二维形式
      # torch.Size([64, 16, 4, 4])→torch.Size([64, 16*4*4])
      x = x.view(-1, 16*4*4)
      x = torch.relu(self.liner_1(x))          # 全连接层
      x = self.liner_2(x)                      # 输出层
      return x
```

下面逐行来看代码，在这个卷积模型的初始化方法中，首先初始化了 2 个卷积层和 2 个线性层。

```
self.conv1 = nn.Conv2d(1, 6, 5)             # 初始化第一个卷积层
self.conv2 = nn.Conv2d(6, 16, 5)            # 初始化第二个卷积层
```

```
self.liner_1 = nn.Linear(16*4*4, 256)      # 初始化全连接层
self.liner_2 = nn.Linear(256, 10)          # 初始化输出层
```

图片首先通过第一个卷积层，它的第一个参数 in_channels 代表输入的通道数，这里图片的通道数为 1，因此 in_channels 是 1；第二个参数 out_channels 代表输出的通道数，也就是卷积核的个数，每一个卷积核都会与前面一层进行卷积并输出一个特征层，因此这个卷积核的个数也就代表卷积层输出的特征层的厚度。这个数是一个超参数，我们自己来定义，这里设置为 6；第三个参数为 kernel_size，也就是卷积核的大小，一般设置为小的奇数值，如 1、3、5、7 等，我们设置为 5。

第二个卷积层的输入通道数 in_channels 就是上一层的输出通道数，上一层卷积的 out_channels 为 6，因此这里第一个参数为 6；相比第一个卷积层 6 个卷积核，第二层卷积 out_channels 设置为 16，这种递增的卷积核设置被证明可有效地提升卷积模型的拟合能力，这也符合第 7 章所说的通过卷积使得图像越来越小、越来越厚的目标。

第三行代码初始化了全连接层 self.liner_1，全连接层只能接收二维数据（第一维是 batch 维），它的输入是将前面卷积层的输出展平后的二维数据，也就是说，除去 batch 维，其他 3 个维度（channel, height, width）展平，因此这一层的输入为上一层这 3 个维度的积（channel×height×width），在这里 in_features 是 16×4×4，输出 out_features 设置为 256。

第四行代码是输出层，输出层 in_features 是上一层输出 out_features，也就是 256，输出的 out_features 与类别数一致，这里共有 10 类，因此设置为 10。

下面来看在 forward 前向传播中如何使用这些层。

```
# 调用第一个卷积层和池化层
x = torch.max_pool2d(torch.relu(self.conv1(input)), 2)
# 调用第二个卷积层和池化层
x = torch.max_pool2d(torch.relu(self.conv2(x)), 2)
# view()方法将数据展平为二维形式
# torch.Size([64, 16, 4, 4])→torch.Size([64, 16*4*4])
x = x.view(-1, 16*4*4)
x = torch.relu(self.liner_1(x))            # 全连接层
x = self.liner_2(x)                        # 调用输出层
```

forward()方法中定义了模型的输入如何经过这些层进行前向传播。第一行代码中输入经第一个卷积层卷积、使用 ReLU 函数激活，然后通过最大池化。注意最大池化有一个参数 kernel_size，代码中设置为 2，这里等价于(2,2)，也就是说，池化核的高和宽都为 2，因此数据经过这个池化层时，高和宽都会变为原来的一半，此时数据集的形状为 torch.Size([64, 6, 12, 12])；第二行代码调用第二个卷积层和池化层，输出的数据集形状为 torch.Size([64, 16, 4, 4])；第三行代码使用 view()方法改变数据的形状，将图片的 3 个维度

(channel, height, width)展平为一维（channel×height×width），然后就是全连接层，全连接仅需要激活即可，最后是输出层。

我们重点来看编码过程中如何确定输出的张量形状（shape属性），在上面定义模型中，view()方法将三维特征输出展平为 channel×height×width，这就需要我们明确地知道经过两个卷积层和池化后数据集的形状。因为卷积核大小、填充方式和池化等均可影响最后输出的形状，读者完全可以通过论文 *A guide to convolution arithmetic for deep learning* 介绍的公式，利用输入大小、kernel_size、stride、padding 等设置计算卷积后输出特征的形状大小。为了简单，也可以在 forward()方法中打印出某一层的 shape 属性，这样当在输入图像上调用模型时就可以打印出这一层输出的张量形状，代码如下。

```
# 此临时定义模型仅用于观察层输出的数据集形状，这部分代码不属于完整代码
class _Model(nn.Module):
    def __init__(self):
        super().__init__()
        self.conv1 = nn.Conv2d(1, 6, 5)
        self.conv2 = nn.Conv2d(6, 16, 5)
    def forward(self, input):
        x = F.max_pool2d(F.relu(self.conv1(input)), 2)
        x = F.max_pool2d(F.relu(self.conv2(x)), 2)
        print(x.size())            # 输出卷积部分的最后输出数据集形状
```

这样可以先在一个批次的图片上调用此模型。

```
temp_model = _Model()            # 初始化模型
# 在一个批次数据上调用此模型
temp_model(imgs)                 # 输出数据集形状为 torch.Size([64, 16, 4, 4])
```

经过调用此模型，可以看到卷积部分最后的输出形状为 torch.Size([64, 16, 4, 4])，这样就可以确定展平后第二维的数值为 16×4×4，这是一个确认输出形状的小技巧，读者在编写模型代码时可以使用此方法确认某一层输出形状大小。确认之后再继续定义下面的层。

至此，我们的模型编写好了，可以初始化了。在初始化之前，让我们来看看如何将模型上传到显存使用显卡训练。使用显卡训练仅需要将模型和每一个批次的数据使用.to(device)方法上传到显存，这里的 device 是计算机当前可用的训练设备，使用如下代码可获取当前设备。

```
# 判断当前可用的 device，如果显卡可用，就设置为 cuda，否者设置为 cpu
device = "cuda" if torch.cuda.is_available() else "cpu"
print("Using {} device".format(device))
```

执行上面的代码，如果读者的 GPU 可以用，将显示 Using cuda device 信息，否则将会显示 Using cpu device 信息。下面代码中我们仅需要将模型和每一个批次的数据使用.to(device)方法即可。

```
# 初始化模型，并使用.to()方法将其上传到 device
# 如果 GPU 可以用，会上传到显存，如果 device 是 CPU，仍保留在内存
model = Model().to(device)          # 初始化模型并设置设备
print(model)                        # 输出查看此模型实例
```

打印模型会输出模型的各层，可以清楚地看到每一层的参数取值。

```
Model(
  (conv1): Conv2d(1, 6, kernel_size=(5, 5), stride=(1, 1))
  (conv2): Conv2d(6, 16, kernel_size=(5, 5), stride=(1, 1))
  (liner_1): Linear(in_features=256, out_features=256, bias=True)
  (liner_2): Linear(in_features=256, out_features=10, bias=True)
)
```

然后定义损失函数和优化器并进行训练，这部分代码与第 5 章手写数字分类模型中的代码完全一致，没有任何变化，这里不再重复。经过训练，可以看到以下输出。

```
epoch:37, train_loss: 0.00183, train_acc: 96.6%, test_loss: 0.00041,
test_acc: 96.8%
epoch:38, train_loss: 0.00179, train_acc: 96.6%, test_loss: 0.00041,
test_acc: 96.9%
epoch:39, train_loss: 0.00175, train_acc: 96.7%, test_loss: 0.00040,
test_acc: 97.0%
epoch:40, train_loss: 0.00172, train_acc: 96.7%, test_loss: 0.00040,
test_acc: 96.9%
epoch:41, train_loss: 0.00169, train_acc: 96.8%, test_loss: 0.00039,
test_acc: 97.0%
epoch:42, train_loss: 0.00166, train_acc: 96.9%, test_loss: 0.00038,
test_acc: 97.0%
epoch:43, train_loss: 0.00163, train_acc: 96.9%, test_loss: 0.00037,
test_acc: 97.2%
epoch:44, train_loss: 0.00160, train_acc: 97.0%, test_loss: 0.00036,
test_acc: 97.2%
epoch:45, train_loss: 0.00158, train_acc: 97.0%, test_loss: 0.00036,
test_acc: 97.1%
epoch:46, train_loss: 0.00155, train_acc: 97.0%, test_loss: 0.00035,
test_acc: 97.3%
epoch:47, train_loss: 0.00153, train_acc: 97.1%, test_loss: 0.00036,
test_acc: 97.3%
epoch:48, train_loss: 0.00150, train_acc: 97.1%, test_loss: 0.00033,
```

```
test_acc: 97.3%
epoch:49, train_loss: 0.00148, train_acc: 97.2%, test_loss: 0.00033,
test_acc: 97.4%
Done!
```

将训练结果与前面手写数字模型的训练输出对比，很显然，使用卷积模型的正确率上升了很多，经过 50 个 epoch 的训练，正确率已经达到了 97.4%，读者可以参考第 5 章手写数字模型例子的演示，从正确率和损失的变化曲线绘图可以直观地发现，test_acc 曲线仍然在保持着上升的趋势，说明可以增加 epoch 继续训练，从而获得更高的正确率，这就交给读者自己来做，看一看最高的正确率能到多少。

8.3　函数式 API

8.2 节创建了模型，并进行了训练，在创建模型时，很多人习惯使用 PyTorch 的函数式 API，最常见的就是调用激活函数和池化层时使用函数式 API 直接调用，非常方便。如下代码导入了 torch.nn.functional 模块，这便是 PyTorch 中层和激活函数的函式式 API。

```
import torch.nn.functional as F
```

以上代码中将 torch.nn.functional 模块导入为大写 F 是一种惯常的方式。当以后在 PyTorch 的代码中看到大写 F，应该想到这就是 torch.nn.functional 模块。当我们在调用激活函数、池化层或其他层时，使用从 torch.nn.functional 模块导入的话，就免去了在类初始化方法中做初始化的步骤，非常方便，因此很多人很青睐这种写法。最常见的，就是激活函数可直接调用 F.relu()，最大池化可直接调用 F.max_pool2d()，可将上面的模型代码修改为使用 torch.nn.functional 模块导入的激活函数和池化层，代码如下。

```
import torch.nn.functional as F
# 创建模型
class Model(nn.Module):
  def __init__(self):
    super().__init__()
    self.conv1 = nn.Conv2d(1, 6, 5)          # 初始化第一个卷积层
    self.conv2 = nn.Conv2d(6, 16, 5)         # 初始化第二个卷积层
    self.liner_1 = nn.Linear(16*4*4, 256)    # 初始化全连接层
    self.liner_2 = nn.Linear(256, 10)        # 初始化输出层
  def forward(self, input):
    x = F.max_pool2d(F.relu(self.conv1(input)),2)# 调用第一个卷积层和池化层
    x = F.max_pool2d(F.relu(self.conv2(x)), 2)# 调用第二个卷积层和池化层
```

```
# view()方法将数据展平为二维形式
# torch.Size([64, 16, 4, 4])→torch.Size([64, 16*4*4])
x = x.view(-1, 16*4*4)
x = F.relu(self.liner_1(x))                 # 全连接层
x = self.liner_2(x)                         # 输出层
return x
```

可以看到修改代码的变化是很小的，仅仅将 torch.relu()和 torch.max_pool2d()替换为 F.relu()和 F.max_pool2d()即可，这种写法在 PyTorch 中很常见，这里仅做简单介绍。需要注意的是，torch.nn.functional 模块在未来的版本可能会发生变化。

8.4　超参数选择

到目前为止，已经编写了几个模型，相信读者对 PyTorch 编写深度学习模型已经有了一定的了解。在定义模型过程中，有很多超参数是需要我们自己去设置的，所谓超参数，就是搭建神经网络中需要我们自己去选择（不是通过梯度下降法去优化）的那些参数。例如，每一层卷积核的个数、全连接层单元数、学习速率、优化器参数等。那么这些超参数如何做出选择呢？

首先介绍网络容量的概念，网络容量可以认为是与网络中的可训练参数成正比的，网络中的神经单元数越多，层数越多，神经网络的拟合能力越强。网络容量越大，网络的拟合能力越强，但是训练速度越慢，训练难度越大，越容易产生过拟合。如果想获得更高的正确率，就需要提高网络拟合能力，那么如何提高网络的拟合能力？一种显然的想法是增大网络容量，如增加层、增加每层隐藏神经元个数，这两种方法哪种更好呢？通过实验对比可以明确，单纯地增加每层的神经元个数对网络性能的提高并不是特别明显；增加层，也就是增大网络深度，会大大提高网络的拟合能力，这也是为什么现在深度学习网络越来越深的原因。当我们选择增加模型深度，也就是增加层来提高拟合能力的时候，还要注意，单层的神经元个数不能太小，太小会造成信息瓶颈，信息不能有效地通过这一层，造成模型欠拟合。

过拟合和欠拟合是机器学习的基础概念。所谓过拟合，是指模型在训练样本上表现得过于优越，但是在验证数据集以及测试数据集上表现不佳。过拟合的本质是模型对训练样本的过度学习，反而失去了泛化能力。当发生过拟合时，一般说明模型的拟合能力是没有问题的，但是泛化能力需要提高。关于过拟合的处理，参见第 10 章，也可以适当地减小模型的拟合能力，如减小模型容量（减少层或减少每一层的单元数），这样能够起到正则化的效果；当然，最好的办法是增加训练样本，模型能学习到更多的样本，泛化能力自然会提高。所谓欠拟合是指模型的拟合能力不够，在训练集就表现很差，在验证数据集上当然也不会好，这时我们需要做的就是增大模型的拟合能力，如增大网络深度、适当增加每层神经元个数等。

总结开发深度学习模型的参数选择的原则，我们可以首先开发一个过拟合的模型。

- ☑ 添加更多的层。
- ☑ 让每一层变得更大。
- ☑ 训练更多的轮次。

然后，抑制过拟合，具体的抑制过拟合方法在第 10 章会讲到。

再次，调节超参数。

- ☑ 学习速率。
- ☑ 网络深度。
- ☑ 隐藏层单元数。
- ☑ 训练轮次。
- ☑ 调节其他参数。

超参数的选择是一个不断测试的结果。在实际开发时，要注意观察训练过程中模型在训练数据集和验证数据集上的损失变化曲线和正确率变化曲线，这些曲线可以直观地反映模型当前所处的状态。如果是欠拟合，就增大模型拟合能力；如果是过拟合，就需要抑制过拟合。在开发过程中，还要使用不同的超参数进行对比实验，从而选择能得到最高验证集正确率的超参数。

8.5　本章小结

本章演示了如何定义一个简单的卷积模型，这里的卷积模型非常简单，仅有两个卷积层，读者可以在课后自己实验使用三层卷积来查看效果怎么样。至于卷积核大小、每一层卷积核个数等超参数选择，读者完全可以自己实验不同的取值，通过这样的代码实验，能够对 PyTorch 代码和深度模型编写有更深刻的理解。

第 9 章
图像读取与模型保存

本章讲解使用卫星拍摄的飞机和湖泊两种图像，创建一个简单的卷积模型，该模型能正确地将两类图像分类。本例中还将演示如何加载图像以及如何保存和加载模型权重、模型检查点。

首先导入所需的库，代码如下。

```
import torch
import torch.nn as nn
import torch.nn.functional as F
import torch.optim as optim
import numpy as np
import matplotlib.pyplot as plt
import torchvision
from torchvision import transforms
```

9.1 加载图片数据集

本章使用的是飞机和湖泊卫星图像二分类数据集，该数据集摘选自 NWPU-RESISC45 Dataset。NWPU-RESISC45 Dataset 是由西北工业大学创建的遥感图像场景分类数据集，完整数据集包含像素大小为 256×256 的共计 31500 张图像，涵盖 45 个场景类别，其中每个类别有 700 张图像。

本章使用的图片是已经被裁剪好的、固定大小的、卫星拍摄的飞机和湖泊图像，每一类图像各 700 张，共 1400 张图片。其中训练图片每类各 560 张，共 1120 张；剩余的 280 张图片作为验证数据。图片在计算机中以如图 9-1 所示的文件目录结构存放。

数据集中的部分图片示例如图 9-2 所示。

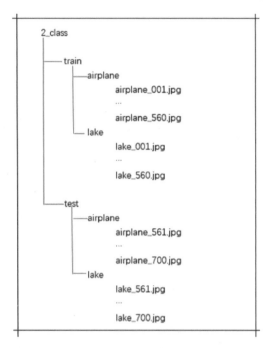

图 9-1　数据集文件目录结构

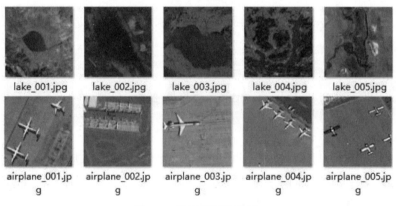

图 9-2　数据集图片示例

数据集中的图片已经按照训练（train）和测试（test）两个类别分别放到了不同的文件夹中。此数据集中的每张图片大小均为 256×256 像素，图片大小不用设置。对数据集需要创建的是一个二分类模型。

首先来看如何加载图片数据。在前面章节曾经演示了通过创建 Dataset 类和 DataLoader 类来为模型创建输入，加载图片也是通过创建 Dataset 类和 DataLoader 类来加载。

torchvision 为我们提供了一个很方便的类 torchvision.datasets.ImageFolder，这个类适用于将不同类别的图片放在不同的文件夹，我们可以直接使用这个 ImageFolder 类创建图片数据的数据集。

ImageFolder 类最重要的参数是图片目录，还有一个常用的参数是 transform，可以通过定义 transform 来对图片做一系列的处理，如转化为张量、设置大小、归一化、设置旋转等。本章因为图片大小都已经是固定大小的，这里仅设置 ToTensor()、Normalize()这两个方法。

```
train_dir = r'2_class/train'        # 训练数据图片所在目录
test_dir = r'2_class/test'          # 测试数据图片所在目录

transform = transforms.Compose([
        transforms.ToTensor(),
        transforms.Normalize(mean=[0.5, 0.5, 0.5],
                            std=[0.5, 0.5, 0.5])
])
```

上述代码中首先给出训练数据和测试数据图片所在目录，使用 transforms.Compose() 方法来定义对图片的预处理方法，transforms.Compose()方法允许将一系列的预处理方法全部放到列表中，这样加载的图片会被列表中的方法依次调用处理。这里定义了两个方法，首先是 transforms.ToTensor()方法，它有以下 3 个作用。

☑　将加载的图片数据转为张量。

☑　将 uint 类型图片取值归一化到 0～1。

☑　将图片数据格式设置为(channel, height, width)形式，即通道数在前，高和宽在后。

transforms.Normalize()方法主要用来做图片数据标准化，它有两个参数：均值和方差，图片首先经过 ToTensor()方法处理后，取值已被规范到 0～1，这里设置均值和方差均为 0.5，因为要对 3 个通道分别设置，所以写成列表的形式[0.5, 0.5, 0.5]。transforms. Normalize()方法是可选的，也可以不使用此方法，因为 ToTensor()方法已经将图片的取值归一化为 0～1，但是在有些模型中，如本书后面讲到的生成模型中需要将输入图片的取值归一化为−1～1，就必须使用 Normalize()方法了。

下面使用 torchvision.datasets.ImageFolder 类分别创建训练数据和测试数据的 dataset，代码如下。

```
train_ds = torchvision.datasets.ImageFolder(
        train_dir,
        transform=transform)
```

```
test_ds = torchvision.datasets.ImageFolder(
          test_dir,
          transform=transform)

print(train_ds.classes)          # 打印此 dataset 的类别:['airplane','lake']
print(train_ds.class_to_idx)     # 输出类别编码{'airplane': 0, 'lake': 1}
print(len(train_ds), len(test_ds))# 打印两个 dataset 的大小, 输出(1120, 280)
```

dataset.classes 属性会返回此 dataset 的类别，这里是['airplane', 'lake']，正是两类图片的类别名。dataset.class_to_idx 返回每一个类别对应的编码，所有类别会被顺序编码，代码中输出的是{'airplane': 0, 'lake': 1}，也就是类别 airplane 的编码为 0，类别 lake 的编码为 1。len 方法可以直接返回每一个 dataset 的大小，即本章的训练数据 1120 张，测试数据 280 张。创建好 dataset 后，就可以创建 dataloader 了，代码如下。

```
BATCHSIZE = 16
train_dl = torch.utils.data.DataLoader(
                                    train_ds,
                                    batch_size=BATCHSIZE,
                                    shuffle=True)
test_dl = torch.utils.data.DataLoader(
                                    test_ds,
                                    batch_size=BATCHSIZE)
```

为了确认得到的图片数据，可以查看 dataloader 中一个批次的数据集形状，并将批次中的第一张图片绘图，代码如下。

```
imgs, labels = next(iter(train_dl))    # 获取一个批次的数据
# 查看批次图片的形状, 输出 torch.Size([16, 3, 256, 256])
print(imgs.shape)
# 用切片 imgs[0]取出此批次中的第一张图片
print(imgs[0].shape)          # 输出单张图片的形状: torch.Size([3, 256, 256])
# permute 方法设置图片 channel 为最后一个维度
#并使用.numpy()方法将张量转为 ndarray
im = imgs[0].permute(1, 2, 0).numpy()
print(im.max(), im.min())# 打印图片的取值范围, 类似(0.3803922,-0.96862745)
im = (im + 1)/2      # 将取值范围还原回(0, 1), 对应 transforms.Normalize()方法
# 下面绘制图片
plt.title(labels[0].item())                # 设置图片标题为其类别编码
plt.imshow(im)
plt.show()
```

上述代码中使用了 permute()方法，该方法是张量的实例方法，用于交换张量维度。

代码中通过使用 tensor.permute(1, 2, 0)将图片 channel 交换到最后一个维度，参数中的 1、2、0 分别表示张量原来的第 1、2 和 0 个维度，参数的顺序表示交换后的维度顺序。代码绘制图片如图 9-3 所示，这里是 lake，类别编码显示为 1。

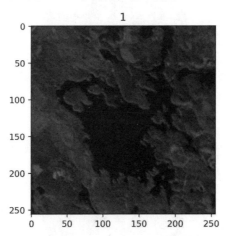

图 9-3 dataloader 返回批次数据中的第一张图片

为了方便，此处直接显示类别名称，将 train_ds.class_to_idx 这个类别到编码的映射字典反转一下，得到编码到类别名称的字典，代码如下。

```
id_to_class = dict((v, k) for k, v in train_ds.class_to_idx.items())
# 字典推导式
print(id_to_class)                         # 输出{0: 'airplane', 1: 'lake'}
```

下面绘制批次中的前六张图片，代码如下。

```
plt.figure(figsize=(12, 8))
for i, (img, label) in enumerate(zip(imgs[:6], labels[:6])):
    img = (img.permute(1, 2, 0).numpy() + 1)/2    # 图片转为 ndarray
    plt.subplot(2, 3, i+1)                         # 在循环中依次初始化子图
    plt.title(id_to_class.get(label.item()))       # 显示标题为类别
    plt.xticks([])                                 # 设置横坐标为空
    plt.yticks([])                                 # 设置纵坐标为空
    plt.imshow(img)                                # 绘制图片
    plt.show()
```

输出图片如图 9-4 所示。

至此，图片读取和预处理就完成了，下面创建图片分类模型。

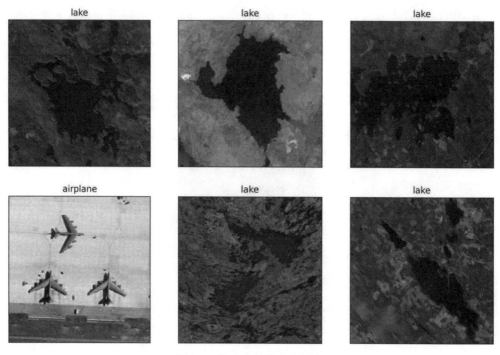

图9-4 批次中的前六张图片

9.2 创建图片分类模型

下面来创建图片分类的卷积模型，此模型与前面手写数字分类卷积模型类似，包含 3 个卷积层、3 个池化层、两个全连接层和一个输出层，因为是二分类问题，输出层输出张量长度为 2。

```python
class Net(nn.Module):
    def __init__(self):
        super(Net, self).__init__()
        self.conv1 = nn.Conv2d(3, 16, 3)
        self.pool = nn.MaxPool2d(2, 2)
        self.conv2 = nn.Conv2d(16, 32, 3)
        self.conv3 = nn.Conv2d(32, 64, 3)
        self.fc1 = nn.Linear(64*30*30, 1024)
        self.fc2 = nn.Linear(1024, 128)
        self.fc3 = nn.Linear(128, 2)
```

```
def forward(self, x):
    x = self.pool(F.relu(self.conv1(x)))
    x = self.pool(F.relu(self.conv2(x)))
    x = self.pool(F.relu(self.conv3(x)))
    x = x.view(-1, 64*30*30)
    x = F.relu(self.fc1(x))
    x = F.relu(self.fc2(x))
    x = self.fc3(x)
    return x
```

创建模型后，初始化一个模型实例，并在模型上调用得到预测输出。由于目前模型还没有训练，因此预测的结果不会很准确。

```
device = "cuda" if torch.cuda.is_available() else "cpu"
print("Using {} device".format(device))

model = Net().to(device)
preds = model(imgs.to(device))   # 调用模型预测

print(imgs.shape)                # 输入形状: torch.Size([16, 3, 256, 256])
print(preds.shape)               # 输出形状: torch.Size([16, 2]
print(torch.argmax(preds, 1))    # 打印预测结果
```

上述代码中首先获取当前可用设备并打印，然后初始化模型并将模型设置到当前可用设备。在调用模型进行预测时读者要特别注意，这一批次的图片也要设置到当前可用设备，这一点很容易忽略，在以后编写代码测试模型和模型预测时，都要注意务必确保模型和数据在同一设备上。

打印输入图片数据集的形状为 torch.Size([16, 3, 256, 256])，这表示输入的是 16 张像素大小为 256×256 的彩色图片，与之对应的预测结果张量形状为 torch.Size([16, 2]，这个结果对应 16 张输入图片，每一张图片的预测结果是长度为 2 的张量。那么如何将预测的分类结果解析出来呢？前面章节曾经解释过，预测的结果中取值最大的值所在位置代表预测的分类结果，通过使用 torch.argmax()方法可返回在第 1 维度上最大值所在位置，也就是模型的预测分类编码。为什么是第 1 维度？因为预测结果 preds 是二维的 torch.Size([16, 2]，第 0 维表示批次，第 1 维代表每张图片的预测结果。

下面定义损失函数，这里是分类问题，仍然使用 nn.CrossEntropyLoss()交叉熵损失函数，优化器仍然是 Adam 优化器，学习速率设置为 0.0005，代码如下。

```
loss_fn = nn.CrossEntropyLoss()
optimizer = torch.optim.Adam(model.parameters(), lr=0.0005)
```

train()函数和 test()函数以及训练循环代码与前面章节定义完全一致，这里我们训练 30 个 epoch，读者将看到类似如图 9-5 所示的输出。

```
epoch: 0, train_loss: 0.29149, train_acc: 88.7% ,test_loss: 0.22935, test_acc: 90.4%
epoch: 1, train_loss: 0.08999, train_acc: 97.1% ,test_loss: 0.08879, test_acc: 97.5%
epoch: 2, train_loss: 0.04524, train_acc: 98.3% ,test_loss: 0.04779, test_acc: 98.6%
epoch: 3, train_loss: 0.03866, train_acc: 98.9% ,test_loss: 0.02508, test_acc: 98.9%
epoch: 4, train_loss: 0.02249, train_acc: 99.3% ,test_loss: 0.11889, test_acc: 94.3%
epoch: 5, train_loss: 0.02286, train_acc: 98.9% ,test_loss: 0.04022, test_acc: 98.2%
epoch: 6, train_loss: 0.01084, train_acc: 99.7% ,test_loss: 0.01962, test_acc: 98.9%
epoch: 7, train_loss: 0.01840, train_acc: 99.6% ,test_loss: 0.04024, test_acc: 98.6%
epoch: 8, train_loss: 0.00185, train_acc: 100.0% ,test_loss: 0.02826, test_acc: 99.3%
epoch: 9, train_loss: 0.00169, train_acc: 100.0% ,test_loss: 0.02225, test_acc: 98.9%
epoch:10, train_loss: 0.00658, train_acc: 99.8% ,test_loss: 0.10114, test_acc: 97.9%
epoch:11, train_loss: 0.01552, train_acc: 99.3% ,test_loss: 0.04366, test_acc: 97.9%
epoch:12, train_loss: 0.01479, train_acc: 99.6% ,test_loss: 0.06876, test_acc: 97.1%
epoch:13, train_loss: 0.00160, train_acc: 100.0% ,test_loss: 0.05893, test_acc: 97.9%
```

图 9-5　训练过程输出

为了方便观察训练过程和优化模型，下面将损失的变化曲线和正确率的变化曲线绘图，如图 9-6 所示。

```
plt.plot(range(1, epochs+1), train_loss, label='train_loss')
plt.plot(range(1, epochs+1), test_loss, label='test_loss', ls="--")
plt.legend()
plt.show()

plt.plot(range(1, epochs+1), train_acc, label='train_acc')
plt.plot(range(1, epochs+1), test_acc, label='test_acc', ls="--")
plt.legend()
plt.show()
```

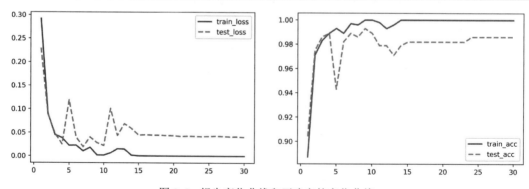

图 9-6　损失变化曲线和正确率的变化曲线

9.3 模 型 保 存

模型训练好后，将模型保存起来，以便下次直接使用，这就涉及模型保存。模型保存有两种常见形式：一是保存模型权重，也就是保存模型中被训练好的参数；二是保存整个模型。首先来看如何保存和加载模型权重。

9.3.1 保存和加载模型权重

model.state_dict()方法以字典形式返回模型中的权重和值，torch.save()方法可将权重字典序列化到磁盘，因此可使用如下代码将模型权重保存到程序当前目录下的文件名为 model_weights.pth 中。这里文件后缀设置为 pth，表明是 PyTorch 文件，使用 pt 作为后缀的也很常见。

```
torch.save(model.state_dict(), 'model_weights.pth')
```

如果要恢复模型权重，首先需要初始化模型，然后调用模型的 load_state_dict()方法。为了验证恢复权重后的模型正确率是否跟原来的模型一样，我们在测试数据集上验证其正确率和损失值，会发现其已经恢复了训练好的权重。

```
new_model = Net()                          # 初始化新的模型
# 在测试数据集上验证新模型的损失值和正确率
new_model = new_model.to(device)
# 调用 test()函数进行预测，现在模型是随机初始化的参数，输出正确率非常低
print(test(test_dl, new_model))
# 为新的模型恢复权重
new_model.load_state_dict(torch.load('model_weights.pth'))
new_model.eval()                           # 设置模型为预测模式，第 10 章会介绍
# 在测试数据集上验证恢复权重后新模型的损失值和正确率
print(test(test_dl, new_model))            # 输出正确率很高
```

9.3.2 保存和恢复检查点

在模型训练过程中，有可能因为意外中断，如果希望接着上次中断继续训练模型，就需要保存检查点。所谓保存检查点就是保存训练中的变量。训练中的变量不仅包括模型的权重，还包括优化器中的参数。为了保存检查点，方便中断或停止后恢复训练，不

仅需要调用模型的 state_dict()方法并保存，还需调用优化器的 state_dict()方法保存优化器状态，优化器的 state_dict()方法返回模型训练时参数更新的缓存和优化器参数。

要保存检查点，需将希望保存的模型参数、优化器参数组织在字典中，并使用 torch.save()方法序列化这个字典。一个常见的 PyTorch 约定是使用.tar 文件扩展名保存这些检查点。保存检查点后，当需要加载项目时，首先初始化模型和优化器，然后使用 torch.load()方法在本地加载字典，然后可以通过查询字典来轻松访问保存的项目。下面代码中，将当前训练的 epoch 值、模型参数（model.state_dict()）、优化器参数（optimizer.state_dict()）保存到 PATH 路径的 model_checkpoint.pt 文件中（文件名和后缀均是自己定义的）。

```
PATH = "model_checkpoint.pt"

torch.save({
        'epoch': epoch,
        'model_state_dict': model.state_dict(),
        'optimizer_state_dict': optimizer.state_dict(),
        },
    PATH)
```

恢复检查点需首先初始化模型和优化器，然后加载保存的检查点（checkpoint）。checkpoint 是一个字典，其中有已经保存的 3 个项目：epoch 值、模型参数、优化器参数，分别恢复即可，代码如下。

```
# 在恢复检查点之前，先初始化模型和优化器
model = Net()                                              # 初始化模型
optimizer = torch.optim.Adam(model.parameters(), lr=0.0005)# 初始化优化器
# 恢复检查点，恢复后的检查点是一个字典
checkpoint = torch.load(PATH)                              # 加载保存的检查点
model.load_state_dict(checkpoint['model_state_dict'])     # 恢复模型参数
optimizer.load_state_dict(checkpoint['optimizer_state_dict'])
                                                          # 恢复优化器参数
epoch = checkpoint['epoch']                               # 恢复 epoch 值
# 以下可编写继续训练的代码
```

检查点的保存和恢复可以十分灵活，在实际训练中，读者可以每个 epoch 训练结束都执行一次保存检查点，也可以在代码中按照需要的频次（如 epoch 能被 10 整除的时候）保存检查点。下面的训练循环代码中，将在每个 epoch 训练结束后，保存一次检查点。

```
# 以下代码节选自第 5 章的训练循环代码，仅增加了保存检查点的示例
# 先定义检查点的保存路径和文件名，这里使用字符串格式化将训练中每一个 epoch 的
# 检查点保存为 model_checkpoint_n.pt 文件名，n 是保存时的 epoch 值
```

```
PATH = "model_checkpoint_{}.pt"
for epoch in range(epochs):
    epoch_loss, epoch_acc = train(train_dl, model, loss_fn, optimizer)
    epoch_test_loss, epoch_test_acc = test(test_dl, model)
    train_loss.append(epoch_loss)
    train_acc.append(epoch_acc)
    test_loss.append(epoch_test_loss)
    test_acc.append(epoch_test_acc)
    template = ("epoch:{:2d}, train_loss: {:.5f}, train_acc: {:.1f}% ,"
                "test_loss: {:.5f}, test_acc: {:.1f}%")
    print(template.format(epoch, epoch_loss,
        epoch_acc*100, epoch_test_loss, epoch_test_ acc*100))
    # 每个 epoch 训练结束执行保存检查点
    torch.save({
                'epoch': epoch,
                'model_state_dict': model.state_dict(),
                'optimizer_state_dict': optimizer.state_dict(),
                },
        PATH.format(epoch))
print("Done!")
```

以上代码在训练循环中添加了保存检查点的代码，通过使用字符串格式化，将训练中每一个 epoch 的检查点保存为 model_checkpoint_0.pt、model_checkpoint_1.pt 等文件，这样就可以在训练结束后根据需要选择恢复哪个 epoch 的检查点。

9.3.3　保存最优参数

在本章的最后来学习如何保存模型最优参数，这实际是一个 Python 编程的问题。读者要明确，判断模型好坏的标准是模型在测试数据集上的表现，而不是在训练数据集上的。读者注意观察训练中测试数据集的正确率变化情况会发现，在很多时候，最后一个训练 epoch 的测试集正确率不一定是最高的，最高的测试集正确率很可能出现在训练过程中间，在保存模型参数时，当然希望保存测试集上正确率最高时的模型参数，但是如何实现呢？

可以在训练循环代码中，添加一个 best_acc 变量，用此变量记录最优的测试集正确率，具体来说，就是在训练循环中将当前 epoch 的测试集正确率与 best_acc 进行比较，如果当前正确率高于 best_acc，那就保存模型参数，并将当前正确率赋值给 best_acc，这样循环下去，如果遇到更高的正确率就执行保存动作，如果没有就略过，从而实现保存最优参数的目的。代码如下。

```
import copy
best_model_wts = copy.deepcopy(model.state_dict()) # 用以记录模型最优参数
best_acc = 0.0                                # 此变量记录训练过程中的最高的正确率

train_loss = []
train_acc = []
test_loss = []
test_acc = []

for epoch in range(epochs):
    epoch_loss, epoch_acc = train(train_dl, model, loss_fn, optimizer)
    epoch_test_loss, epoch_test_acc = test(test_dl, model)
    train_loss.append(epoch_loss)
    train_acc.append(epoch_acc)
    test_loss.append(epoch_test_loss)
    test_acc.append(epoch_test_acc)

    template = ("epoch:{:2d}, train_loss: {:.5f}, train_acc: {:.1f}% ,"
                "test_loss: {:.5f}, test_acc: {:.1f}%")
    print(template.format(epoch, epoch_loss,
        epoch_acc*100, epoch_test_loss, epoch_test_ acc*100))

    if epoch_test_acc > best_acc:# 如果当前 test_acc 高于 best_acc, 执行保存代码
        best_acc = epoch_test_acc          # 将当前 test_acc 赋值给 best_acc
        # 将模型参数赋值给 best_model_wts
        best_model_wts = copy.deepcopy(model.state_dict())
print("Done!")

model.load_state_dict(best_model_wts)   # 将模型最优权重序列化到磁盘
model.eval()                             # 设置模型设置为预测模式, 第 10 章会讲到
```

9.4 本 章 小 结

本章重点演示了如何加载图片数据、如何保存模型权重、检查点等知识点。使用
torchvision.datasets.mageFolder()这个类创建图片 Dataset 的方式, 适合不同类别图片放在
不同的文件夹中的情况。如果读者的训练图片的各个类别是混在一起的, 完全可写代码

将它们归类到不同的文件夹中，然后再使用 torchvision.datasets.ImageFolder()类来创建 Dataset。当然也可以使用第 10 章要将讲到的自定义 Dataset 类的方式。

本章因为图片大小已经被处理好了，都是 256×256 的大小，定义的 transform 中并没有对图像大小做调整，开发过程中常见的训练图片很可能会大小不一，这就需要对图片大小做出调整，第 10 章的实例中会有对图片大小设置的演示。

关于模型保存，推荐读者使用保存模型权重和保存检查点，PyTorch 中也可以保存整个模型（不仅是权重，还包括网络架构），这虽然很方便，但在继续训练等情况下容易产生问题，因此本书不再专门介绍。

第 10 章

多分类问题与卷积模型的优化

本章将演示对 4 种天气图片进行分类的实例，通过这个实例重点演示自定义 Dataset 类　创建输入、基础卷积模型、Dropout 抑制过拟合、批标准化以及学习速率衰减等模型优化方法。

首先导入用到的库，代码如下。

```
import torch
import torch.nn as nn
import torch.nn.functional as F
import torch.optim as optim
import numpy as np
import matplotlib.pyplot as plt
import torchvision
import glob
from torchvision import transforms
from torch.utils import data
from PIL import Image                    # 将使用 Image 库读取图片
```

10.1　创建自定义 Dataset 类

首先来看本章使用的数据集。本章使用 4 种天气图片数据集 Multi-class Weather Dataset for Image Classification[①]，数据集包含日出（sunrise）、晴天（shine）、阴天（cloudy）、雨天（rain）4 种天气，所有图片均在 dataset2 文件夹中，图片的文件名称标注其类别，示例图片和文件结构如图 10-1 所示。

---

① 数据集的网址为 https://data.mendeley.com/datasets/4drtyfjtfy/1。

图 10-1 天气图片数据集文件结构及示例图片

通过观察会发现，这个数据集与第 9 章湖泊和天气数据集有一些不同，本章是一个四分类问题，全部图片均在一个文件夹中，当然也没有划分训练数据和测试数据。这种形式不能直接使用 torchvision.datasets.ImageFolder 读取，读者完全可以编写代码根据图片名称移动到不同的文件夹，然后使用与第 9 章同样的方式创建 dataset。本章将演示更加普遍性的读取方式，即直接使用自定义 Dataset 类创建输入 dataset。

要创建自定义的 Dataset 类，需要继承自父类 torch.utils.data.Dataset 来创建一个子类，这个子类必须重写魔术方法__getitem__()，从而支持获取给定键的数据的功能。__getitem__()方法是 Python 类中常用的一个方法，通过定义此方法，类的实例将可被切片和索引。创建 Dataset 子类还常常选择重写__len__()方法，通过实现此方法，可使用 len()方法获取 Dataset 类实例的长度。

下面编写代码。首先使用 glob 库获取所有图片的路径，然后定义类别名称与类别编号的字典，再从路径中提取出图片标签，这样获取的标签与图片路径是一一对应的。

```
imgs = glob.glob(r'./dataset2/*.jpg')               # 获取全部图片路径
print(imgs[:3])                                      # 打印查看获取的前 3 条路径

species = ['cloudy', 'rain', 'shine', 'sunrise']# 4 种类别名称
# 字典推导式获取类别到编号的字典
species_to_idx = dict((c, i) for i, c in enumerate(species))
print(species_to_idx))  # 输出{'cloudy':0,'rain':1,'shine':2,'sunrise':3}
# 字典推导式获取编号到类别的字典
idx_to_species = dict((v, k) for k, v in species_to_idx.items())
```

```
print(idx_to_species) # 输出{0:'cloudy',1:'rain',2:'shine',3:'sunrise'}

# 下面提取图片路径列表对应的标签列表
labels = []                          # 创建空列表用以存放标签
for img in imgs:                     # 对全部图片路径迭代
    for i, c in enumerate(species):  # 迭代 4 种类别名称
        if c in img:                 # 判断图片路径中是否包含类别名称
            labels.append(i)         # 将对应类别编码添加到类别列表

print(labels[:3])                    # 打印查看获取的前 3 个标签，发现与前 3 张图片是对应的
```

获取图片路径列表与对应的标签列表后，就可以着手编写自定义的 Dataset 类了，不过在创建 Dataset 类之前，需要先定义预处理图片的 transform。transform 可以帮助预处理图片。由于本章使用的 4 种天气数据图片大小各不相同，可以使用 transforms.Resize()方法直接将图片调整到同样大小的 96×96，然后使用 ToTensor()方法和 Normalize()方法。这里图片大小是超参数，需要自己定义，越大的图片越能保存图片信息，但是太大的图片容易导致显存溢出，这里选择了 96×96。太小的图片虽然节省计算资源，但也需要读者注意，如果创建的模型比较深的话，有可能图片最后越来越小，甚至比池化层的池化核还要小，这时就会报错。读者可能对于直接将图片调整大小感到疑惑，不同大小和长宽比的图片直接调整会导致图像扭曲，但是这并不妨碍我们辨认其类别。除了 Resize()方法，还可以使用 transforms.RandomResizedCrop()、transforms.CenterCrop()、transforms.RandomCrop()等方法，均可实现统一图片大小的目的。

```
transform = transforms.Compose([
    transforms.Resize((96, 96)),
    transforms.ToTensor(),
    transforms.Normalize(mean=[.5, .5, .5], std=[.5, .5, .5])
])
```

然后创建 Dataset 类，这里自定义的 Dataset 类名为 WT_dataset，创建 Dataset 类需要继承 data.Dataset 这个父类，同时重写__getitem__()方法和__len__()方法，代码如下。

```
class WT_dataset(data.Dataset):
    def __init__(self, imgs_path, lables):
        self.imgs_path = imgs_path
        self.lables = lables

    def __getitem__(self, index):
        img_path = self.imgs_path[index]
        lable = self.lables[index]
```

```
    pil_img = Image.open(img_path)
    pil_img = pil_img.convert("RGB")# 此行可选，如有黑白图片会被转为 RGB 格式
    pil_img = transform(pil_img)
    return pil_img, lable

 def __len__(self):
    return len(self.imgs_path)
```

在 WT_dataset 类的初始化方法__init__()中接收两个列表，图片路径列表和对应的标签列表，并创建属性。

在__getitem__()方法中接收一个输入索引（index），返回对应索引的图片和标签。在 PyTorch 中常常使用 pillow 库的 Image.open()方法读取图片，pillow 库是 Python 中处理图片最常用的库之一，它在安装 torchvision 库时已经一并安装了，这里直接导入使用即可。代码中 pil_img.convert("RGB")是将图片转为 RGB 格式，这一步并不是必需的，如果读者的数据集全部是彩色图片，可以去掉此行代码，因为 4 种天气数据集中混杂着个别的黑白图片（channel 为 1），所以这里加上这一步转换，确保所有图片的通道数均为 3。然后用 transform 处理图片并将图片和标签返回。在__len__()方法中直接返回了路径列表的长度，这正是数据集的大小。

定义好 WT_dataset 类之后，如果要使用这个类创建输入数据 dataset，只需要使用图片列表和对应标签列表实例化这个类。

```
dataset = WT_dataset(imgs, labels)
count = len(dataset)
print(count)                          # 打印数据集大小，显示1120
```

下面来划分训练数据集和测试数据集，PyTorch 提供了 torch.utils.data.random_split() 方法帮助划分 dataset，它有两个参数：一是要划分的 dataset，二是划分的每一部分的大小，代码如下。

```
train_count = int(0.8*count)# 训练数据个数，这里选择全部数据的 80%作为训练数据集
test_count = count - train_count    # 剩余的数据为测试数据集
# 划分训练数据集和测试数据集
train_dataset, test_dataset = data.random_split(dataset, [train_count,
test_count])
print(len(train_dataset), len(test_dataset))    # 输出 897, 225
```

下面使用得到的 train_dataset 和 test_dataset 分别创建 dataloader，并绘图查看数据集中的图片，这部分代码与第 9 章演示基本类似。

```
BTACH_SIZE = 16                                     # 批次大小
```

```
train_dl = torch.utils.data.DataLoader(
                            train_dataset,
                            batch_size=BTACH_SIZE,
                            shuffle=True
)
test_dl = torch.utils.data.DataLoader(
                            test_dataset,
                            batch_size=BTACH_SIZE
)

imgs_batch, labels_batch = next(iter(train_dl))  # 返回一个批次的训练数据
# 绘制批次中前 6 张图片
plt.figure(figsize=(12, 8))
for i, (img, label) in enumerate(zip(imgs_batch[:6], labels_batch[:6])):
    # 设置 channel 最后，并还原到取值 0~1
    img = (img.permute(1, 2, 0).numpy() + 1)/2
    plt.subplot(2, 3, i+1)
    plt.title(idx_to_species.get(label.item()))    # 使用类别名称作为 title
    plt.imshow(img)
```

显示图像如图 10-2 所示。

图 10-2　天气图片示例

至此数据预处理部分做完了，下面可以开始创建分类模型。

10.2　基础卷积模型

这里使用与第 9 章飞机和湖泊分类模型类似的结构。与第 9 章相比，本章有几个不同的地方：一是本章为四分类模型，输出层最后的输出单元数为 4；二是本章图片输入阶段统一调整到了 96×96，图像的大小与第 9 章不一样，除此之外，其他代码与第 9 章完全相同，仍然使用前面章节定义好的 train() 和 test() 函数训练，学习速率设置为 0.0005，训练结束后绘制正确率和损失的变化曲线，下面是模型代码。

```python
class Net(nn.Module):
    def __init__(self):
        super(Net, self).__init__()
        self.conv1 = nn.Conv2d(3, 16, 3)
        self.conv2 = nn.Conv2d(16, 32, 3)
        self.conv3 = nn.Conv2d(32, 64, 3)
        self.fc1 = nn.Linear(64*10*10, 1024)
        self.fc2 = nn.Linear(1024, 4)
    def forward(self, x):
        x = F.relu(self.conv1(x))
        x = F.max_pool2d(x, 2)
        x = F.relu(self.conv2(x))
        x = F.max_pool2d(x, 2)
        x = F.relu(self.conv3(x))
        x = F.max_pool2d(x, 2)
        x = x.view(-1, 64*10*10)
        x = F.relu(self.fc1(x))
        x = self.fc2(x)
        return x

device = "cuda" if torch.cuda.is_available() else "cpu"
print("Using {} device".format(device))          # 打印当前可用设备
model = Net().to(device)
loss_fn = nn.CrossEntropyLoss()
optimizer = torch.optim.Adam(model.parameters(), lr=0.0005)
```

训练过程中正确率和损失的变化曲线如图 10-3 和图 10-4 所示。

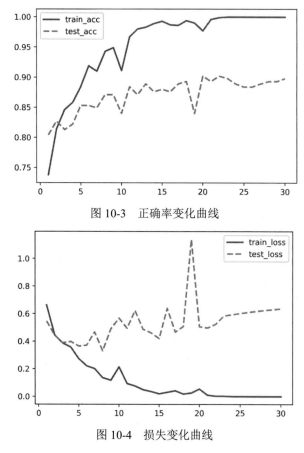

图 10-3　正确率变化曲线

图 10-4　损失变化曲线

　　观察图 10-4 中损失变化曲线会发现，训练数据的正确率要远远高于测试数据的正确率，相应的训练数据损失要比测试数据损失低很多。前面我们已经讲过，在机器学习中，当模型在训练数据上获得很高的正确率，而测试数据集上反而比较低，说明模型出现了过拟合。过拟合问题是机器学习和深度学习中经常遇到的问题，也是我们调参和模型优化要解决的主要问题之一。

　　过拟合产生的根本原因在于，训练数据不能代表全部样本数据，模型根据训练数据优化参数，势必造成模型在参与训练的这部分数据上表现得很优秀，而在未见到过的数据上表现就不一定同样的好了。这也是在训练模型时为什么一定要有测试数据或者验证数据，因为只有在测试数据和验证数据上模型的表现才是客观的，值得信任的。因此绝对不能将模型在训练数据上的表现作为模型的评价指标。

　　在评价模型时，为了更加客观，很多时候人们会将数据分成 3 个部分：训练数据、验证数据和测试数据。模型在训练数据上训练，并根据在验证数据上的表现进行调参，这样经过多轮调参后，模型获得了在验证数据上最好的表现，可以认为训练和调参完毕，最后再在测试数据上测试模型的正确率作为模型的最终评价。为什么要这样设计？这是因为模型在调参过程中是根据验证数据调参的，通过多轮的调参，模型实际上已经间接地看到了验证数据，可以认为模型对验证数据是友好的。因此不能将验证数据上的表现作为模型的最终评价，这就是为什么最后要在测试数据上测试模型作为模型最终评价的原因。

　　上面简单介绍了过拟合的定义和客观评价模型的方法，在很多时候为了简单，一般直接将数据分为两部分，也就是训练数据和测试数据。回到上面的模型，现在模型出现了过拟合，我们要思考如何抑制过拟合。根据对过拟合的理解很容易想到，如果训练数据足够多，训练数据分布将更具有代表性，模型就不容易过拟合。所以针对过拟合问题，更多的训练数据能够抑制过拟合。但是，当没有这么多数据或者数据难以获得的时候，就需要从模型优化的角度去考虑抑制过拟合了。

10.3　Dropout 抑制过拟合

1. 什么是 Dropout 抑制过拟合

　　Dropout 是神经网络抑制过拟合的一个有效手段。它是指在神经网络的训练过程中，对于神经网络单元的输出按照一定的概率将其暂时从网络中丢弃。这种丢弃是暂时和随机的，对于训练中的随机梯度下降，由于是随机丢弃，故而每一个 mini-batch 都在训练不同的网络。

　　Dropout 能够模拟具有大量不同网络结构的神经网络，使网络中的节点更具有鲁棒性，它是深度学习中最常见的抑制过拟合的手段之一。Dropout 的原理如图 10-5 所示（图片来自 Dropout 论文 *A Simple Way to Prevent Neural Networks from Overfitting*）。

　　Dropout 的运行机制大体如下。

　　（1）随机（临时）丢弃网络中部分隐藏神经元的输出，图 10-5 中打叉的神经元为临时被丢弃的神经元。

　　（2）把输入通过修改后的网络前向传播，然后把得到的损失结果通过修改的网络反向传播，按照随机梯度下降算法更新没有被删除的神经元对应的参数(w, b)。

　　（3）继续重复这一过程。

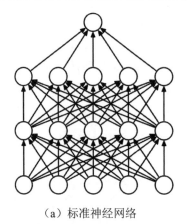 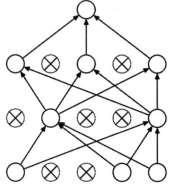

（a）标准神经网络　　　　　　　　　（b）Dropout 处理后神经网络

图 10-5　Dropout 原理

2．为什么 Dropout 可以解决过拟合

如果读者对于经典机器学习中的随机森林有了解的话，可以回想一下，随机森林是通过选择不同的特征创建多棵决策树，然后用多棵决策树投票或者取平均的方式来创建一个集合模型，从而大大提高模型的拟合能力。与此类似，在神经网络中也可以用相同的训练数据训练多个模型，并根据训练的多个模型投票来决定最后的结果。这种"综合起来取平均"的策略通常可以有效防止过拟合问题，因为不同的网络可能关注不同的特征，产生不同的过拟合，取平均则有可能让一些拟合互相抵消。Dropout 机制通过随机丢弃不同的隐藏神经元，使得每次训练的网络发生变化，就类似在训练创建不同的网络。但是在最后预测的时候，我们会使用全部神经元共同预测，这样就相当于对很多个不同的神经网络取平均，从而减少过拟合。

Dropout 也可以减少神经元之间复杂的共适应关系，Dropout 随机丢弃部分神经元，导致两个神经元不一定每次都在一个 Dropout 网络中出现。这时候权值的更新不再依赖于有固定关系的隐含节点的共同作用，阻止了某些特征仅仅在其他特定特征出现时才有效果的情况，迫使网络去学习更加鲁棒的特征。直观的理解就是，神经网络在做出某种预测时不应该对一些特定的神经元太过敏感，即使丢失这些神经元，网络也可以从众多其他特征中学习到一些共同的模式。

上面提到了 Dropout 层在训练和预测时的表现是不同的。训练时随机丢弃一定比例的神经元，但预测时使用全部神经元，也就是说模型存在两种模式：训练模式和预测模式，两种模式下模型中的 Dropout 层表现不同。训练时需要模型处于训练模式，Dropout 层发挥作用，随机丢弃一定比例的神经元的输出；测试和应用时模型需要处于预测模式，

Dropout 层不发挥作用，模型使用全部神经元做出预测。为了区分两种模式，可以通过使用 model.train() 和 model.eval() 两个方法将模型设置为训练模式和测试模式，因此，为了适应模型中可能包含 Dropout 层，稍微修改前面写好的 train() 函数和 test() 函数，增加设置模型模式的代码，读者在以后的训练中可以参考使用这两个训练函数，代码如下。

```python
def train(dataloader, model, loss_fn, optimizer):
    size = len(dataloader.dataset)
    num_batches = len(dataloader)
    train_loss, correct = 0, 0
    model.train()                        # 模型为训练模式
    for X, y in dataloader:
        X, y = X.to(device), y.to(device)
        # 计算损失
        pred = model(X)
        loss = loss_fn(pred, y)
        # 反向传播和优化
        optimizer.zero_grad()
        loss.backward()
        optimizer.step()

        with torch.no_grad():
            correct += (pred.argmax(1) == y).type(torch.float).sum().item()
            train_loss += loss.item()
    train_loss /= num_batches
    correct /= size
    return train_loss, correct

def test(dataloader, model):
    size = len(dataloader.dataset)
    num_batches = len(dataloader)
    model.eval()                         # 模型为预测模式
    test_loss, correct = 0, 0
    with torch.no_grad():
        for X, y in dataloader:
            X, y = X.to(device), y.to(device)
            pred = model(X)
            test_loss += loss_fn(pred, y).item()
            correct += (pred.argmax(1)== y).type(torch.float).sum().item()
    test_loss /= num_batches
    correct /= size
    return test_loss, correct
```

PyTorch 中内置了 Dropout 层的实现，一般可直接调用 F.dropout()、F.dropout2d()或 F.dropout3d()来为模型添加 Dropout 层，F.dropout()适用于一维数据的 Dropout 层，如添加在常见的全连接层或一维卷积层后；F.dropout2d()适用于二维卷积后添加 Dropout 层，需要说明的是，卷积层后添加 Dropout 层较少使用，效果也不是很明显，这是因为图像的相邻像素之间有相关性，随机地丢弃卷积输出特征像素点，抑制过拟合的效果有限。Dropout 层的第一个参数是输入的 tensor，另外一个参数是 p，代表丢弃的神经元的比例，默认值为 0.5，Dropout 层一般添加到模型靠近输出的部分，下面改造上面的卷积模型，增加 Dropout 层，代码如下。

```python
class Net(nn.Module):
    def __init__(self):
        super(Net, self).__init__()
        self.conv1 = nn.Conv2d(3, 16, 3)
        self.conv2 = nn.Conv2d(16, 32, 3)
        self.conv3 = nn.Conv2d(32, 64, 3)
        self.fc1 = nn.Linear(64*10*10, 1024)
        self.fc2 = nn.Linear(1024, 4)
    def forward(self, x):
        x = F.relu(self.conv1(x))
        x = F.max_pool2d(x, 2)
        x = F.relu(self.conv2(x))
        x = F.max_pool2d(x, 2)
        x = F.relu(self.conv3(x))
        x = F.max_pool2d(x, 2)
        x = x.view(-1, 64*10*10)
        x = F.dropout(x)              # Dropout 层，使用默认比例 p=0.5
        x = F.relu(self.fc1(x))
        x = F.dropout(x)              # Dropout 层，使用默认比例 p=0.5
        x = self.fc2(x)
        return x
```

我们在靠近输出部分的池化层和全连接层后面添加了两个 Dropout 层，均使用默认的概率 50%丢弃中间层神经元输出，图 10-6 和图 10-7 所示是添加了 Dropout 层后的模型训练输出情况（正确率和损失的变化曲线）。

可以看到训练数据和测试数据之间的正确率差距和损失的差距变小了，也就是说过拟合的程度得到了抑制，不仅如此，同样在训练 30 个 epoch 后，添加 Dropout 层的最高正确率达到了 94.7%，超过了未添加 Dropout 层时的最高正确率 94.2%。过拟合的减小实际上增加了优化模型的空间，读者可以尝试继续训练甚至增加模型拟合能力了。

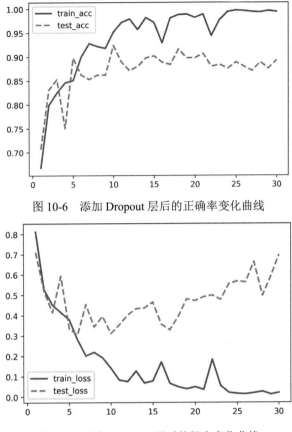

图 10-6 添加 Dropout 层后的正确率变化曲线

图 10-7 添加 Dropout 层后的损失变化曲线

10.4 批标准化

机器学习中通常会对数据做预处理，将数据处理为无量纲的数据。处理的方法有归一化、标准化等，归一化是指把数据映射到 0~1 或者-1~1；标准化是将数据设置为均值为 0、标准差为 1。这些预处理方法被广泛地使用在许多机器学习算法中，如支持向量机、逻辑回归等算法。

机器学习中处理数据是基于这样的假设，训练数据和测试数据满足相同分布，通过训练数据获得的模型能够在测试集获得同样好的效果。深度学习也是基于这样的假设，我们希望数据是相同分布的无量纲数据，读者可以复习前面已经讲过的实例，在图片预处理中都做了归一化或者标准化。但这仅仅是在数据预处理阶段，当数据进入多层神经网络后，模型参数发生更新，除了输入层的数据外，后面网络每一层的输入数据分布，随着模型参数的更新和 ReLU 等激活函数的作用会发生偏移。以网络第二层为例，网络第二层的输入，是由第一层的参数和输入计算后激活得到的，而第一层的参数在整个训练过程中一直在变化，因此必然引起后面每一层输入数据分布的改变。我们把网络中间层在训练过程中数据分布的改变称为 "Internal Covariate Shift"。

批标准化（batch normalization，BN）的提出，就是要解决在训练过程中，中间层数据分布发生改变的情况。BN 层对数据处理主要分为以下 3 步。

（1）求每一个训练批次数据的均值和方差。

（2）使用求得的均值和方差对该批次的训练数据做归一化。

（3）尺度变换和偏移：使用标准化之后的输出乘以 γ 调整数值大小，再加上 β 增加偏移后，得到新的输出值。

BN 层的最后一步是一个数据的平移变换，为什么要做这个变换呢？因为批数据在归一化后，取值范围会被限制在正态分布下，使得网络的表达能力下降。为解决该问题，引入两个新的参数：γ 和 β，对输出进行平移变化。

模型添加 BN 层有很多好处，很明显，BN 层的添加使得中间层的数据输入分布不会发生大的偏移，这有利于创建比较深的模型。事实上，在 BN 层提出之前，深度学习模型无法太深，可能十几层就已经是极限了。BN 层提出后，模型的深度可以大大增加，当然，现代模型深度可以深达上千层，这不仅得益于 BN 层，还使用到残差等结构。BN 层的使用还有很多好处，它使得模型梯度传递更加顺畅，可以有效防止梯度消失和梯度爆炸。使用 BN 层后，学习速率可以设置得大一点，以加快训练速度。BN 层还能使模型对于模型参数的初始化方式和模型参数初始取值不敏感，使得网络学习更加稳定，提高模型训练精度。另外，BN 层还具有一定的正则化效果，这一点类似于 Dropout 层。

要特别注意的是，与 Dropout 层类似，BN 层在模型训练和模型预测时的行为并不一样。在训练时 BN 层计算一个批次数据的均值和方差，对数据做归一化，同时在训练过程中模型计算所有批次均值和方差的移动均值；当模型处于预测模式时，模型将使用这个移动均值对要预测的数据做归一化。

PyTorch 中常用到的批标准化层有 3 个，分别为 nn.BatchNorm1d、nn.BatchNorm2d 和 nn.BatchNorm3d，nn.BatchNorm1d 适用于对 2D 或 3D 输入应用批标准化，也就是适用于一维卷积层和全连接层后的批标准化；nn.BatchNorm2d 适用于在 4D 输入（图片数据或者二维卷积的输出特征）上应用批标准化；nn.BatchNorm3d 适用于在 5D 输入（视频或图片序列）上应用批标准化。BN 层最主要的参数是 num_features，也就是输入特征的大小。一般将 BN 层添加在卷积或全连接层的后面，下面在卷积模型中添加使用 BN 层，代码修改如下。

```
class Net(nn.Module):
    def __init__(self):
        super(Net, self).__init__()
        self.conv1 = nn.Conv2d(3, 16, 3)
        # 初始化第一个 BN 层，它的输入特征数是输入图像的特征层数：16
        self.bn1 = nn.BatchNorm2d(16)
        self.conv2 = nn.Conv2d(16, 32, 3)
        # 初始化第二个 BN 层，它的输入特征数是输入图像的特征层数：32
        self.bn2 = nn.BatchNorm2d(32)
        self.conv3 = nn.Conv2d(32, 64, 3)
        # 初始化第三个 BN 层，它的输入特征数是输入图像的特征层数：64
        self.bn3 = nn.BatchNorm2d(64)
        self.fc1 = nn.Linear(64*10*10, 1024)
        self.fc2 = nn.Linear(1024, 4)
    def forward(self, x):
        x = F.relu(self.conv1(x))
        x = self.bn1(x)                 # BN 层应用在卷积层后
        x = F.max_pool2d(x, 2)
        x = F.relu(self.conv2(x))
        x = self.bn2(x)
        x = F.max_pool2d(x, 2)
        x = F.relu(self.conv3(x))
        x = self.bn3(x)
        x = F.max_pool2d(x, 2)
        x = x.view(-1, 64*10*10)
        x = F.dropout(x)
        x = F.relu(self.fc1(x))
        x = F.dropout(x)
        x = self.fc2(x)
        return x
```

图 10-8 和图 10-9 是添加 BN 层后的正确率和损失的变化曲线。

因为本章的模型并不深，可以看到正确率和损失的变化曲线与添加 Dropout 层后的差别不大，最高正确率与上面持平。但是要注意到，损失曲线仍然存在下降趋势，说明增加训练 epoch 将可能得到更好的结果，这就交给读者自行实验了。

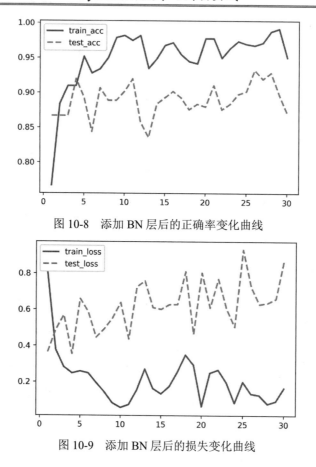

图 10-8 添加 BN 层后的正确率变化曲线

图 10-9 添加 BN 层后的损失变化曲线

10.5 学习速率衰减

学习速率对训练过程有着巨大的影响，在模型训练开始，我们希望学习速率能大一些，损失函数快速下降；在训练接近损失函数底部时，我们希望学习速率能减小，这样就能防止跳过极值点。学习速率衰减在训练时是常见的优化训练方法，下面简单地了解如何在训练中实现学习速率衰减。

PyTorch 提供了 lr_scheduler 类来实现学习速率的衰减。例如，希望每训练 7 个 epoch，学习速率衰减为原来的 1/10，可以使用 lr_scheduler.StepLR()方法，这个方法有 3 个主要参数：第一个是优化器实例，第二个是 step_size，它代表间隔的 epoch 数，第三个参数是衰减系数 gamma，它表示每经过 step_size 个 epoch 训练，将对优化器的学习速率乘以此系数，因此衰减系数 gamma 应设置为一个小于 1 的正数。

下面是在代码中实现学习速率衰减的演示，每 7 个 epoch 以 0.1 为衰减系数对学习速率进行衰减。

```python
# 每 7 个 epoch 以 0.1 为衰减系数对学习速率进行衰减
from torch.optim import lr_scheduler
optimizer = torch.optim.Adam(model.parameters(), lr=0.001)
exp_lr_scheduler = lr_scheduler.StepLR(optimizer, step_size=7, gamma=0.1)
```

然后在训练循环的代码中，添加一行代码 exp_lr_scheduler.step()，用来记录已经训练了多少个 epoch 并触发学习速率的衰减。为了方便后续直接调用训练，将训练循环的代码封装到一个 fit() 函数中，这样后续需要训练时，直接调用 fit() 函数即可。训练函数 fit() 的代码如下。

```python
# 下面定义训练函数 fit()，后续训练时可直接调用
def fit(epochs, train_dl, test_dl, model, loss_fn, optimizer, exp_lr_
scheduler=None):
    train_loss = []
    train_acc = []
    test_loss = []
    test_acc = []

    for epoch in range(epochs):
        epoch_loss, epoch_acc = train(train_dl, model, loss_fn, optimizer)
        epoch_test_loss, epoch_test_acc = test(test_dl, model)
        train_loss.append(epoch_loss)
        train_acc.append(epoch_acc)
        test_loss.append(epoch_test_loss)
        test_acc.append(epoch_test_acc)
        if exp_lr_scheduler:
            exp_lr_scheduler.step()            # 学习速率衰减

        template = ("epoch:{:2d}, train_loss: {:.5f}, train_acc: {:.1f}% ,"
                    "test_loss: {:.5f}, test_acc: {:.1f}%")
        print(template.format(epoch, epoch_loss, epoch_acc*100,
              epoch_test_loss, epoch_ test_acc*100))

    print("Done!")
    # 训练完毕，返回损失和正确率的变化列表
    return train_loss, test_loss, train_acc, test_acc

# 执行训练
```

```
fit(epochs,train_dl,test_dl,model,loss_fn,optimizer,exp_lr_scheduler)
```

这样就实现了在训练过程中，每经过 7 个 epoch 学习速率乘以 0.1，达到了学习速率衰减的目的。至于初始学习速率的选取以及衰减的系数都属于超参数，需要读者在实验中自行做出选择。

10.6　本章小结

本章重点演示了如何创建自定义的 Dataset 类，这种创建输入的方式很灵活，在以后创建输入、修改输入时是很常用的，读者需要学会通过创建自己的 Dataset 类来为模型处理输入。在本章中还使用了 pillow 库的 Image.open()方法读取图片数据，这是截至目前最常用的读取图片方式。torchvision.io 模块也提供了 torchvision.io.read_image()方法，这个方法可直接从图片路径将图片读取为张量，读者如有需要可以尝试使用。

另外，本章还讲解了 Dropout 层抑制过拟合和 BN 层的使用，这两个层在现代模型中会经常使用到。本章最后演示了学习速率衰减方法，它是一种训练优化方法，PyTorch 还提供了 lr_scheduler.ExponentialLR()、lr_scheduler.MultiStepLR()等其他衰减学习速率的策略，读者可自行了解。

第 11 章
迁移学习与数据增强

在前面的章节创建了 4 种天气分类模型,在模型训练最后,读者会发现模型出现了过拟合的问题。这里出现过拟合的原因主要是因为数据集比较小,训练数据中仅有 897 张图片,对于深度学习来说,这是一个非常小的数据集。深度学习往往需要将大量的数据提供给模型训练,但在很多情况下,当数据集比较小,而且没有办法获取更多数据或制作标注数据比较困难时,如何获取更高的正确率呢?读者可以试着从本章要讲到的内容中找到答案:迁移学习和数据增强。

11.1 什么是迁移学习

所谓迁移学习,就是使用在大规模数据集上训练好的模型来解决小数据集问题。这种在大规模数据集上训练好的模型一般称为预训练模型或预训练网络。预训练网络是一个保存好的网络,之前已在大型数据集(通常是大规模图像分类任务,如 ImageNet)上训练好。如果这个原始数据集足够大且足够通用,那么预训练网络学习到的特征的空间层次结构可以有效地作为视觉世界的通用特征。因此这些特征可用于各种不同的计算机视觉问题,即使这些新问题涉及的类别和原始任务完全不同。也就是说,只要大规模图片数据集足够庞大,预训练模型就可以看作一个通用的、有效的特征提取器;对于输入的图片,预训练模型能够有效地提取图片的特征,而且提取的特征在不同问题之间具有可移植性,这是深度学习与许多早期浅层学习方法相比的重要优势,它使得深度学习对小数据集问题非常有效。

使用预训练网络创建新的模型的方法叫作迁移学习。迁移学习的思路是利用预训练模型的卷积部分(也叫作卷积基)提取数据集的图片特征,然后重新训练最后的全连接部分(也叫作分类器)。在这个特征提取过程中,要确保预训练模型的特征提取部分(也就是卷积基的参数）不能发生变化。迁移学习的思路有以下 3 步。

（1）冻结预训练模型的卷积基。

（2）根据具体问题重新设置分类器。

（3）用自己的数据集训练设置好的分类器。

迁移学习的流程如图 11-1 所示。

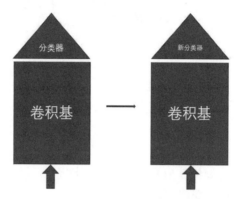

图 11-1　迁移学习流程

ImageNet 是常见预训练模型所使用的大规模数据集。ImageNet 项目是一个用于视觉对象识别软件研究的大型可视化数据库，其中有超过 1400 万个图像 URL 被 ImageNet 手动注释，以指示图片中的对象；在至少 100 万个图像中提供了边界框。ImageNet 包含 2 万多个类别，一个典型的类别，如"气球"或"草莓"，包含数百张图像。2010—2017 年，ImageNet 项目每年举办一次比赛，即 ImageNet 大规模视觉识别挑战赛（ILSVRC）。

torchvision 库的 models 模块为我们提供了常见的预训练模型，这些预训练模型是在 ImageNet 数据集的子集（140 万个标记图像，1000 个不同的类别）上训练好的大型卷积神经网络。常见的预训练模型包括 VGG、ResNet、Inception、DenseNet 等，在第 12 章将介绍这些经典模型的结构和特点。

本章使用 VGG16 架构，它由 Karen Simonyan 和 Andrew Zisserman 在 2014 年开发，它是一种简单而又广泛使用的卷积神经网络架构。虽然 VGG16 是一个比较老的模型，性能远比不了当前最先进的模型，而且还比许多新模型更为臃肿，但是之所以选择它，是因为它的架构与我们前面自行编写的卷积模型架构很相似，因此无须引入新概念就可以很好地理解。

以第 10 章演示过的 4 种天气分类模型为例，图片加载和模型训练部分代码没有任何变化，这里不再重复，我们重点关注如何使用预训练模型。首先加载预训练模型，代码中设置了参数 pretrained 为 True，这表示在加载 VGG16 模型的同时，还将加载其在 ImageNet 上已经训练好的权重。

```
# 加载 VGG16 预训练模型及权重
model = torchvision.models.vgg16(pretrained=True)
print(model)
```

注意，如果没有设置参数 pretrained 为 True，表示仅加载 VGG16 模型架构，而不加载其预训练的权重。第一次执行上面加载模型及权重的代码需要一些时间，代码将从网上下载预训练权重，一旦下载完成后，下次执行时就会直接从本地加载权重，执行速度会很快。执行以上代码，将打印出以下模型架构。

```
VGG(
  (features): Sequential(
    (0): Conv2d(3, 64, kernel_size=(3, 3), stride=(1, 1), padding=(1, 1))
    (1): ReLU(inplace=True)
    (2): Conv2d(64, 64, kernel_size=(3, 3), stride=(1, 1), padding=(1, 1))
    (3): ReLU(inplace=True)
    (4): MaxPool2d(kernel_size=2, stride=2, padding=0, dilation=1,
ceil_mode=False)
    (5): Conv2d(64, 128, kernel_size=(3, 3), stride=(1, 1), padding=(1, 1))
    (6): ReLU(inplace=True)
    (7): Conv2d(128, 128, kernel_size=(3, 3), stride=(1, 1), padding=(1, 1))
    (8): ReLU(inplace=True)
    (9): MaxPool2d(kernel_size=2, stride=2, padding=0, dilation=1,
ceil_mode=False)
    (10): Conv2d(128, 256, kernel_size=(3, 3), stride=(1, 1), padding=(1, 1))
    (11): ReLU(inplace=True)
    (12): Conv2d(256, 256, kernel_size=(3, 3), stride=(1, 1), padding=(1, 1))
    (13): ReLU(inplace=True)
    (14): Conv2d(256, 256, kernel_size=(3, 3), stride=(1, 1), padding=(1, 1))
    (15): ReLU(inplace=True)
    (16): MaxPool2d(kernel_size=2, stride=2, padding=0, dilation=1,
ceil_mode=False)
    (17): Conv2d(256, 512, kernel_size=(3, 3), stride=(1, 1), padding=(1, 1))
    (18): ReLU(inplace=True)
    (19): Conv2d(512, 512, kernel_size=(3, 3), stride=(1, 1), padding=(1, 1))
    (20): ReLU(inplace=True)
    (21): Conv2d(512, 512, kernel_size=(3, 3), stride=(1, 1), padding=(1, 1))
    (22): ReLU(inplace=True)
    (23): MaxPool2d(kernel_size=2, stride=2, padding=0, dilation=1,
ceil_mode=False)
    (24): Conv2d(512, 512, kernel_size=(3, 3), stride=(1, 1), padding=(1, 1))
```

```
    (25): ReLU(inplace=True)
    (26): Conv2d(512, 512, kernel_size=(3, 3), stride=(1, 1), padding=(1, 1))
    (27): ReLU(inplace=True)
    (28): Conv2d(512, 512, kernel_size=(3, 3), stride=(1, 1), padding=(1, 1))
    (29): ReLU(inplace=True)
    (30): MaxPool2d(kernel_size=2, stride=2, padding=0, dilation=1,
ceil_mode=False)
  )
  (avgpool): AdaptiveAvgPool2d(output_size=(7, 7))
  (classifier): Sequential(
    (0): Linear(in_features=25088, out_features=4096, bias=True)
    (1): ReLU(inplace=True)
    (2): Dropout(p=0.5, inplace=False)
    (3): Linear(in_features=4096, out_features=4096, bias=True)
    (4): ReLU(inplace=True)
    (5): Dropout(p=0.5, inplace=False)
    (6): Linear(in_features=4096, out_features=1000, bias=True)
  )
)
```

以上代码显示的是加载 VGG16 模型的架构，从大的方面来看，不难发现其主要有 3 个部分。

☑   features，可使用 model.features 获取这部分。它是卷积基，主要包括多个卷积层和池化层，其整体结构类似前面编过写的卷积模型。

☑   avgpool，这部分使用 AdaptiveAVgPool2d 层将卷积基输出的四维张量 (batch,height,width,channel)扁平化为固定长度的二维张量(batch,features)。在实际项目中，由于输入数据大小、卷积核、步长等影响，模型卷积部分输出的特征大小是不定的，为了避免手动计算特征输出大小，并能与后面全连接层直接连接，可使用 AdaptiveAVgPool2d 层将输出展平到固定的大小。

☑   classifier，这部分是分类器，由全连接层组成的。它接收前面卷积层提取的特征，重新训练得到适合我们数据集的分类器。针对当前数据集，需要重新训练的就是这部分。

为了使用迁移学习，首先需要冻结模型卷积基，即模型的卷积部分是不会参与训练的，model.features 返回模型卷积部分。对这部分的参数，可以设置其 requires_grad 属性为 False，这样，这部分网络参数就不再计算梯度参与训练了。

```
for param in model.features.parameters():
    param.requires_grad = False
```

上面代码冻结了卷积部分的参数。有的读者可能会有疑问，不冻结的话，可以不可以呢？如果卷积部分的参数不冻结，在训练刚开始，由于分类器部分的参数是随机的，这会给整个网络带来巨大的梯度震荡，破坏已经训练好的卷积部分的参数，使得卷积基特征提取能力大大下降。

因为当前的数据集是一个四分类的问题，所以，最后的输出层输出的张量长度应该为 4，即 model.classifier 的最后一层的 out_features 应该设置为 4；优化函数仅需优化分类器部分的参数。代码中设置如下。

```
model.classifier[-1].out_features = 4          # 设置输出为 4，对应四分类问题
model = model.to(device)
optimizer = torch.optim.Adam(model.classifier.parameters(), lr=0.0001)
                                               # 仅优化分类器部分
loss_fn = nn.CrossEntropyLoss()
```

如上代码就将原来分类器 1000 分类修改为当前数据集的四分类，使得此模型可以处理数据集的分类问题，然后初始化优化器。注意，优化器目前优化的仅是分类器部分的参数 model.classifier.parameters()，然后使用数据集训练这个分类器，其他损失函数、训练代码等均没有变化，经过 10 个 epoch 的训练，将看到如图 11-2 所示的训练输出。

```
epoch: 0, train_loss: 1.24916, train_acc: 73.9% ,test_loss: 0.16887, test_acc: 94.7%
epoch: 1, train_loss: 0.10656, train_acc: 96.3% ,test_loss: 0.14463, test_acc: 94.7%
epoch: 2, train_loss: 0.05427, train_acc: 98.7% ,test_loss: 0.08329, test_acc: 96.9%
epoch: 3, train_loss: 0.04216, train_acc: 98.6% ,test_loss: 0.15679, test_acc: 94.7%
epoch: 4, train_loss: 0.03800, train_acc: 98.9% ,test_loss: 0.30478, test_acc: 90.7%
epoch: 5, train_loss: 0.01647, train_acc: 99.3% ,test_loss: 0.14583, test_acc: 96.0%
epoch: 6, train_loss: 0.01194, train_acc: 99.6% ,test_loss: 0.22039, test_acc: 93.3%
epoch: 7, train_loss: 0.01720, train_acc: 99.2% ,test_loss: 0.27746, test_acc: 92.9%
epoch: 8, train_loss: 0.01824, train_acc: 99.1% ,test_loss: 0.12879, test_acc: 96.9%
epoch: 9, train_loss: 0.02704, train_acc: 99.0% ,test_loss: 0.48605, test_acc: 91.1%
Done!
```

图 11-2　训练输出情况

从图 11-2 可以看到，模型仅仅在训练了 3 个 epoch 时就在测试集上获得了 96.9%的高分，大大超越了第 10 章定义的简单模型，这正是得益于迁移学习。

11.2　数据增强

11.1 节使用 VGG16 模型迁移学习得到了最高的正确率 96.9%，但是模型仍然存在过拟合，这时可以使用数据增强或图像增强抑制过拟合，进一步提高正确率。当数据集比

较小，难以获取新的训练数据时，可以考虑使用数据增强的方法来进一步提高正确率、抑制过拟合。数据增强主要是对现有的数据集进行微小的改变，如随机裁剪部分、随机左右或上下翻转、随机旋转一个角度、随机明暗变化等微小的改变。通过将现有的图片进行改变，人为地生成多样化的图片，这样就相当于增大了数据集。当然，读者要明确，数据集本身并没有改变，我们只是将现有数据做了一些微小的更改送进了网络。

数据增强为什么有效呢？假如我们的训练图片中，全部是某个动物左侧的照片，如果模型在测试过程中遇到了右侧的图片，在没有做数据增强的情况下，模型可能无法认识这张图片了，也就不能正确预测其类别。如果做了随机左右翻转、随机旋转等形式的数据增强，模型不仅能看到左侧的图片，右侧的、甚至各种角度倾斜的都会在训练中学习到，这样即使原始训练集中没有这些类型的图片，模型也能学习类似的特征，从而提高了模型的预测能力。这就是对数据增强能有效地抑制过拟合的简单说明。

同样的，如果训练的图片全是白天的场景，通过调整明暗、颜色、饱和度等，就可以让模型对暗光、夕阳等场景下的图片都能给出正确的预测。另外，像随机裁剪这样的处理还能使模型关注到图片不同部分的细节。总体来说，数据增强是在训练数据有限的情况下，扩增训练数据、抑制过拟合、提高正确率的有效手段。

torchvision.transforms 模块提供了诸多随机改变图片的方法，可帮助我们快速地实现数据增强。下面将在 4 种天气数据的迁移学习代码中修改图片输入部分，主要是修改图片读取和预处理部分所定义的 transform ，这里做了以下 3 项修改。

（1）随机裁剪图片。首先使用 transforms.Resize()方法将图片调整到 256×256 大小，然后从图片中随机裁剪（使用的是 transforms.RandomCrop()方法）224×224 大小的图片。代码如下。

```
pil_img = Image.open('dataset2/cloudy134.jpg')    # 读取一张图片
# 设置 transform，其中包含 Resize()和 RandomCrop()两个方法
transform = transforms.Compose([
        transforms.Resize((256, 256)),
        transforms.RandomCrop((224, 224))
])
# 绘制 6 张图片，观察其变化
plt.figure(figsize=(12, 8))
for i in range(6):
    img = transform(pil_img)
    plt.subplot(2, 3, i+1)
    plt.imshow(img)
plt.subplots_adjust(wspace=0.15, hspace=0.15)      # 调整子图间距
plt.show()
```

上述代码中首先读取了一张图片,定义了transform,其中包含Resize()和RandomCrop()两个方法,图11-3是应用6次后图片的效果。

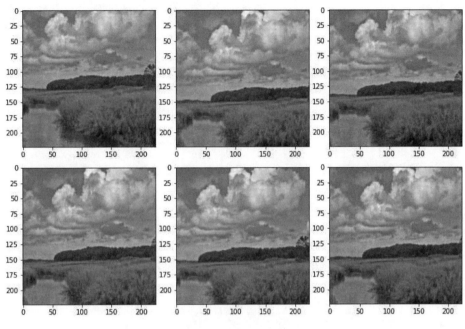

图 11-3　随机裁剪图片效果

(2)随机水平翻转。使用 transforms.RandomHorizontalFlip()方法可实现图片随机水平翻转,方法中参数 p 表示翻转的概率,默认为 0.5。为了演示其效果,我们读取一张图片,使用此方法翻转并绘图。

```
pil_img = Image.open('dataset2/cloudy134.jpg')
# 为了演示,这里设置翻转概率 p 为 1,表示 100%将其翻转
trans_img = transforms.RandomHorizontalFlip(p=1)(pil_img)
# 以下代码使用 Matplotlib 将这两张图片绘图
plt.figure(figsize=(12, 6))
plt.subplot(1, 2, 1)
plt.imshow(pil_img)
plt.subplot(1, 2, 2)
plt.imshow(trans_img)
plt.show()
```

以上代码中首先读取了一张图片,为了让读者看到翻转后的效果,设置翻转概率 p 为 1,表示 100%将其翻转,随机水平翻转效果如图 11-4 所示。

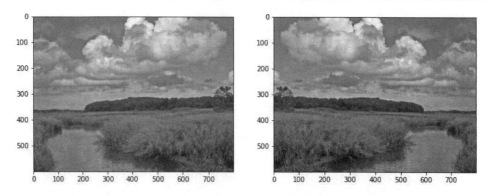

图 11-4　随机水平翻转效果图

（3）随机调整图片的明暗、对比度、饱和度、颜色。使用 transforms.ColorJitter()方法可实现随机调整图片的明暗、对比度、饱和度、颜色，方法中的参数包括 brightness、contrast、saturation、hue。此外还需要设置一个区间，这样图片的明暗、对比度、饱和度、颜色等随机在区间中选择。注意，区间的范围不要设置得过大，如果设置得过大可能导致图片颜色等发生过大变化，反而造成识别率的下降。效果如图 11-5 所示。

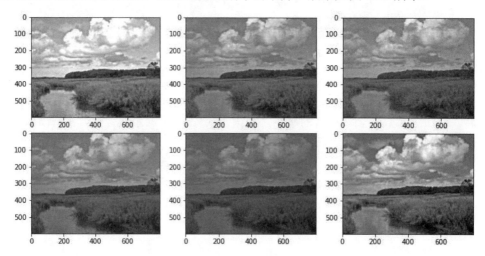

图 11-5　随机调整图片的明暗、对比度、饱和度、颜色效果

```python
pil_img = Image.open('dataset2/cloudy134.jpg')
transform = transforms.ColorJitter(brightness=(0.7, 1.3),
                                   contrast=(0.7, 1.3),
                                   saturation=(0.7, 1.3),
                                   hue=(-0.05, 0.05))
plt.figure(figsize=(12, 6))
```

```
for i in range(6):
    img = transform(pil_img)
    plt.subplot(2, 3, i+1)
    plt.imshow(img)
plt.subplots_adjust(wspace=0.2, hspace=0.1)
plt.show()
```

在使用数据增强时，要特别注意，数据增强仅针对训练数据，也就是说，仅需要将训练数据做各种变化，对于测试数据没必要做增强。因此，如果要修改第 10 章的代码实现数据增强，需要针对训练数据和测试数据分别设置 transform，然后分别创建输入数据的 dataset，这就需要在代码中先划分训练数据集和测试数据集，代码修改如下。

```
# 为了随即划分训练数据和测试数据，我们先设置一个乱序的 index
# 同时对图片路径和标签使用 index 进行乱序，这样保证了乱序后图片和路径仍然是对应的
np.random.seed(2022)                      # 设置一个 seed，方便读者重复对比代码结果
index = np.random.permutation(len(imgs))   # 生成一个随机的 index
imgs = np.array(imgs)[index]               # 对图片路径使用 index 乱序
labels = np.array(labels, dtype=np.int64)[index]
                                           # 对标签使用 index 做同样的乱序


# 对乱序后的数据，直接切片获取前 80% 作为训练数据
sep = int(count*0.8)
train_imgs = imgs[ :sep]
train_labels = labels[ :sep]
test_imgs = imgs[sep: ]
test_labels = labels[sep: ]


# 设置训练数据的 transform，这里做了数据增强
train_transform = transforms.Compose([
        transforms.Resize((256, 256)),
        transforms.RandomCrop((224, 224)),
        transforms.RandomHorizontalFlip(p=0.5),
        transforms.ColorJitter(brightness=(0.7, 1.3), contrast=(0.7, 1.3),
                               saturation=(0.7, 1.3), hue=(-0.05, 0.05)),
        transforms.ToTensor(),
        transforms.Normalize(mean=[.5, .5, .5], std=[.5, .5, .5])
])

# 设置测试数据的 transform，这里不做数据增强，直接调整到 224×224 大小即可
test_transform = transforms.Compose([
        transforms.Resize((224, 224)),
        transforms.ToTensor(),
        transforms.Normalize(mean=[.5, .5, .5], std=[.5, .5, .5])
```

```
])

# 创建 dataset
class WT_dataset(data.Dataset):
    def __init__(self, imgs_path, lables, transform):
        self.imgs_path = imgs_path
        self.lables = lables
        self.transform = transform

    def __getitem__(self, index):
        img_path = self.imgs_path[index]
        lable = self.lables[index]

        pil_img = Image.open(img_path)
        pil_img = pil_img.convert("RGB")
        pil_img = self.transform(pil_img)
        return pil_img, lable

    def __len__(self):
        return len(self.imgs_path)

# 使用 train_transform 初始化训练数据的 dataset
train_dataset = WT_dataset(train_imgs, train_labels, train_transform)
# 使用 test_transform 初始化测试数据的 dataset
test_dataset = WT_dataset(test_imgs, test_labels, test_transform)
```

如上代码中，首先使用了切片将同时乱序后的图片路径和标签划分训练数据和测试数据，然后分别定义了训练数据的预处理流程 train_transform 和测试数据的预处理流程 test_transform，并使用这两个预处理流程初始化了 dataset。下面就可以创建 dataloader 并使用 VGG16 模型进行迁移学习的训练了，这部分代码与前面完全相同。训练开始后将看到类似如下的训练输出。

```
epoch: 0, train_loss: 0.94812, train_acc: 74.7%, test_loss: 0.12810,
test_acc: 94.2%
epoch: 1, train_loss: 0.14031, train_acc: 95.9%, test_loss: 0.13117,
test_acc: 94.7%
epoch: 2, train_loss: 0.09918, train_acc: 96.7%, test_loss: 0.09787,
test_acc: 96.0%
epoch: 3, train_loss: 0.05111, train_acc: 98.7%, test_loss: 0.09478,
test_acc: 95.1%
epoch: 4, train_loss: 0.06041, train_acc: 97.8%, test_loss: 0.08457,
test_acc: 96.4%
epoch: 5, train_loss: 0.05353, train_acc: 97.8%, test_loss: 0.15755,
```

```
test_acc: 93.8%
epoch: 6, train_loss: 0.05226, train_acc: 98.4%, test_loss: 0.16623,
test_acc: 94.7%
epoch: 7, train_loss: 0.03800, train_acc: 98.6%, test_loss: 0.15638,
test_acc: 95.1%
epoch: 8, train_loss: 0.03279, train_acc: 99.0%, test_loss: 0.08708,
test_acc: 97.3%
epoch: 9, train_loss: 0.02773, train_acc: 99.0%, test_loss: 0.12918,
test_acc: 96.4%
```

从打印出的损失和正确率变化可以看到，模型的过拟合程度得到一定的抑制，最高正确率也达到了更高的97.3%。

11.3　微　　调

到目前为止，通过使用预训练模型和数据增强，模型的正确率已经达到了97.3%，还可以通过微调继续提高模型的正确率。微调是指在使用预训练模型训练完成后，将冻结的卷积基解冻，允许其参数计算梯度进行优化，这样继续训练模型可以得到更高的正确率。微调的关键步骤如下。

（1）冻结预训练模型卷积基，训练分类器，其实就是前面刚刚讲过的迁移学习所做的。

（2）分类器训练完毕后，解冻卷积基，继续模型训练。

这里需要注意的是，一定要冻结卷积基训练好分类器之后，再解冻卷积基进行微调。如果没有训练好分类器就解冻卷积基，这样由于分类器的参数是随机初始化的，在训练刚开始会引入较大的梯度，导致卷积基参数发生较大的震荡，破坏其原有的特征提取能力。

为什么微调能进一步提高正确率呢？

从预训练模型的结构上思考，模型的卷积基部分是在 ImageNet 等大型数据集上训练得到的，它有很强的通用特征提取能力，能有效地提取通用图片特征；但另一方面，卷积基并不是专门针对训练数据训练的，提取的特征也不是专门针对当前数据的，在训练好分类器后解冻卷积基，对其进行进一步训练，可使得卷积基更加适应当前训练数据集，可更好地提取当前数据集图片特征。

下面在前面已经训练好的 VGG16 模型的基础上继续微调模型。首先解冻卷积基，然后设置一个较小的学习速率，继续训练 15 个 epoch，代码如下。

```python
# 以下为迁移学习完成后微调部分的代码
for param in model.parameters():          # 解冻卷积基
    param.requires_grad = True

extend_epochs = 15
# 优化器设置一个较小的学习速率
optimizer = torch.optim.Adam(model.parameters(), lr=0.00001)
# 执行训练
train_loss_, test_loss_, train_acc_, test_acc_ = fit(extend_epochs,
                                                     train_dl,
                                                     test_dl,
                                                     model,
                                                     loss_fn,
                                                     optimizer)
```

训练输出如下。

```
epoch: 0, train_loss: 0.18225, train_acc: 96.4%, test_loss: 0.09494,
test_acc: 97.3%
epoch: 1, train_loss: 0.13174, train_acc: 97.9%, test_loss: 0.08515,
test_acc: 96.4%
epoch: 2, train_loss: 0.08684, train_acc: 98.7%, test_loss: 0.06941,
test_acc: 97.8%
epoch: 3, train_loss: 0.06494, train_acc: 99.0%, test_loss: 0.08009,
test_acc: 98.2%
epoch: 4, train_loss: 0.05150, train_acc: 99.7%, test_loss: 0.07528,
test_acc: 97.3%
epoch: 5, train_loss: 0.06466, train_acc: 99.0%, test_loss: 0.05238,
test_acc: 98.2%
epoch: 6, train_loss: 0.04798, train_acc: 99.6%, test_loss: 0.09926,
test_acc: 96.0%
epoch: 7, train_loss: 0.06217, train_acc: 99.4%, test_loss: 0.06032,
test_acc: 97.3%
epoch: 8, train_loss: 0.04169, train_acc: 99.7%, test_loss: 0.08425,
test_acc: 96.9%
epoch: 9, train_loss: 0.03783, train_acc: 99.8%, test_loss: 0.09948,
test_acc: 96.9%
epoch:10, train_loss: 0.03125, train_acc: 99.8%, test_loss: 0.07630,
test_acc: 97.3%
epoch:11, train_loss: 0.03349, train_acc: 99.7%, test_loss: 0.06624,
test_acc: 97.3%
epoch:12, train_loss: 0.04668, train_acc: 99.8%, test_loss: 0.06550,
```

```
test_acc: 98.7%
epoch:13, train_loss: 0.03751, train_acc: 99.6%, test_loss: 0.06658,
test_acc: 96.9%
epoch:14, train_loss: 0.03970, train_acc: 99.1%, test_loss: 0.05493,
test_acc: 98.2%
Done!
```

可以看到模型的正确率继续上升，已经达到 98.7%。这里之所以设置一个较小的学习速率，也是为了限制在训练过程中梯度的变化幅度，从而获得更高的正确率。

我们还可以将整个训练过程中的正确率和损失变化情况绘图，train_loss 是前面迁移学习时训练的损失变化，将其与后面微调后的变化情况 train_loss_ 合并（列表相加即可），然后绘图，代码如下。

```python
# 绘制损失变化曲线
plt.plot(range(1, epochs+extend_epochs+1), train_loss+train_loss_,
label='train_loss')
plt.plot(range(1, epochs+extend_epochs+1), test_loss+test_loss_,
label='test_loss', ls="--")
plt.legend()
plt.show()
# 绘制正确率变化曲线
plt.plot(range(1, epochs+extend_epochs+1), train_acc+train_acc_,
label='train_acc')
plt.plot(range(1, epochs+extend_epochs+1), test_acc+test_acc_,
label='test_acc', ls="--")
plt.legend()
plt.show()
```

输出图像如图 11-6 所示。

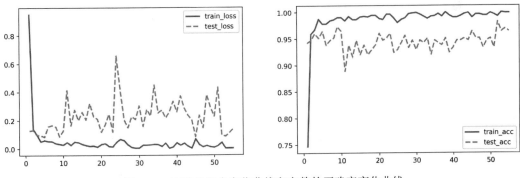

图 11-6　完整的损失变化曲线和完整的正确率变化曲线

从图 11-6 中可以看到，在前面的迁移学习曲线中，正确率已不再上升，损失也不再下降，经过微调后，正确率又有了一些上升，说明微调对于提高模型的正确率是很有帮助的。

11.4　本章小结

本章主要讲解了迁移学习、数据增强和微调。迁移学习是深度学习处理小型数据集的利器，在实际的大部分应用中，我们常常优先使用预训练模型处理图像问题，这一点读者一定要想到。数据增强是抑制过拟合、提高小型数据集正确率的有效手段，是一种非常好的训练技巧。但是读者也要明确，数据增强并不是真的增加了数据，它仅仅是将现有的数据做一些变化，而且，数据增强仅使用在训练过程中，对于测试数据是不需要做数据增强的。微调是进一步提高迁移学习正确率的有效方法，必须先训练好分类器才能微调，这一点不要忘记。

第 12 章
经典网络模型与
特征提取

第 11 章讲解了迁移学习，其中使用了预训练模型，torchvision 库中内置的预训练模型都是一些经典网络模型。本章将介绍其中的部分经典网络模型，这些模型可用于计算机视觉和自然语言处理。

本章将要讲解的网络模型如下。

- ☑ VGG。
- ☑ ResNet。
- ☑ Inception。
- ☑ DenseNet。

12.1　VGG

VGG 的全称是 Visual Geometry Group，最早由 Karen Simonyan 和 Andrew Zisserman 在论文 *Very Deep Convolutional Networks for Large-Scale Image Recognition*[①]中提出。VGG 代表了牛津大学的 Oxford Visual Geometry Group，VGG 网络模型的提出，证明了增加网络的深度能够在一定程度上影响网络最终的性能。牛津大学视觉几何组发布了一系列以 VGG 开头的卷积网络模型，VGG11～VGG19 可以应用在人脸识别、图像分类等方面。VGG 模型是 2014 年 ILSVRC 竞赛的第二名，其在迁移学习任务中的表现突出。当需要从图像中提取卷积特征时，VGG 模型可作为选择。VGG 模型的结构如图 12-1 所示。

图 12-1 列出了 VGG 不同深度模型的结构，可以看到 VGG 模型的结构比较简单，类似卷积入门实例中编写的卷积模型（事实上，入门实例就是仿照 VGG 的模型结构编写的），VGG 模型主要包含两部分：卷积部分和全连接层部分。VGG 卷积部分主要包含卷

---

① 论文网址为 https://export.arxiv.org/abs/1409.1556。

积层和池化层，卷积层的通道数目从 64 开始，每过一个 maxpool 层（最大池化层）翻倍，到 512 为止。这种设置被证明可以有效提高模型对图片特征的提取能力。VGG 模型的卷积层大多使用较小的卷积核，如 3×3 的卷积核。相比大的卷积核，使用较小的卷积核能有效地减小模型参数。不仅如此，相比使用少量的大卷积核，使用较小的卷积核堆叠卷积层能带来更多的非线性，显著地提高模型拟合能力。VGG 的分类器部分包含 3 个全连接层。

ConvNet Configuration					
A	A-LRN	B	C	D	E
11 weight layers	11 weight layers	13 weight layers	16 weight layers	16 weight layers	19 weight layers
input (224 × 224 RGB image)					
conv3-64	conv3-64	conv3-64	conv3-64	conv3-64	conv3-64
	LRN	**conv3-64**	conv3-64	conv3-64	conv3-64
maxpool					
conv3-128	conv3-128	conv3-128	conv3-128	conv3-128	conv3-128
		conv3-128	conv3-128	conv3-128	conv3-128
maxpool					
conv3-256	conv3-256	conv3-256	conv3-256	conv3-256	conv3-256
conv3-256	conv3-256	conv3-256	conv3-256	conv3-256	conv3-256
			conv1-256	**conv3-256**	conv3-256
					conv3-256
maxpool					
conv3-512	conv3-512	conv3-512	conv3-512	conv3-512	conv3-512
conv3-512	conv3-512	conv3-512	conv3-512	conv3-512	conv3-512
			conv1-512	**conv3-512**	conv3-512
					conv3-512
maxpool					
conv3-512	conv3-512	conv3-512	conv3-512	conv3-512	conv3-512
conv3-512	conv3-512	conv3-512	conv3-512	conv3-512	conv3-512
			conv1-512	**conv3-512**	conv3-512
					conv3-512
maxpool					
FC-4096					
FC-4096					
FC-1000					
soft-max					

图 12-1　VGG 模型结构

VGG 模型的特点如下。

☑　小卷积核。本书将卷积核全部替换为 3×3（极少用了 1×1）。

☑　小池化核。VGG 全部为 2×2 的池化核。

☑　层数更深，特征图更宽。基于前两点外，由于卷积核专注于扩大通道数、池化专注于缩小宽和高，使得模型架构在更深更宽的同时，计算量的增加放缓。

VGG 模型的缺点在于参数量大，需要更大的存储空间。VGG 模型虽然是一个相对古老的模型，但依然很有研究价值。

12.2　ResNet

1. ResNet（深度残差网络）

VGG 模型给人们的一个启示是，要取得更高的正确率，就需要给模型添加更多的层。但是层并不能无限制地增加，随着层数的增加，模型的正确率得到提升，然后会过拟合，这时再增加更多的层，正确率反而开始下降。这是因为在到达一定深度后加入更多层，模型可能产生梯度消失或爆炸问题，虽然可以通过更好地初始化权重、添加 BN 层等解决，但是现代架构试图通过引入不同的技术解决这些问题，如残差连接。

深度残差网络的提出是 CNN 图像识别史上的一件里程碑事件。ResNet 是 2015 年由何凯明、张祥雨、任少卿和孙剑在论文 *Deep Residual Learning for Image Recognition*[1]中提出的。ResNet 在 ILSVRC 和 COCO 2015 上共取得了五项第一，ResNet 的作者何凯明也因此摘得 CVPR 2016 最佳论文奖。那么 ResNet 为什么有如此优异的表现呢？这是因为 ResNet 解决了深度 CNN 模型难训练的问题。VGG 诞生于 2014 年，仅 19 层，而 2015 年诞生的 ResNet 多达 152 层，它极大地增加了 CNN 模型的深度，ResNet 之所以能使得网络的深度发挥作用，关键是使用了残差学习（residual learning）。

2. 深度网络的退化问题

从经验来看，网络的深度对模型的性能至关重要。当增加网络层数后，网络可以进行更加复杂的特征模式的提取。所以当模型更深时，理论上是可以取得更好的结果的，但是更深的网络其性能不一定更好。实验发现深度网络出现了退化问题（degradation problem）：网络深度增加时，网络准确度出现饱和，甚至出现下降。这个现象可以在图 12-2 中直观地看出来，即 56 层网络效果比 20 层网络效果还要差。

图 12-2 中并不是过拟合问题，因为 56 层网络的训练误差同样也高。出现这个问题的原因在于，深层网络存在梯度消失或者爆炸的问题，这使得深度学习模型很难训练。为了让更深的网络也能训练出好的效果，何凯明等作者提出了 ResNet 残差网络结构。ResNet 残差网络结构的基本模块为 Residual Block，这个模块经过堆叠可以构成一个很深的网络，

---

[1] 论文网址为 https://arxiv.org/abs/1512.03385。

Residual Block 通过增加残差连接（shortcut connection），显式地让网络中的层拟合残差映射（residual mapping）。Residual Block 的结构如图 12-3 所示。

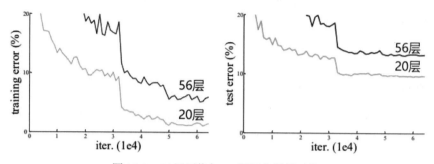

图 12-2　56 层网络与 20 层网络效果对比

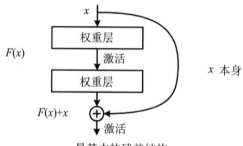

图 12-3　Residual Block 结构

ResNet 不再尝试学习 x 到 $H(x)$（$H(x)$ 表示输出 Residual Block 的输出）的潜在映射，而是学习两者之间的不同或残差（residual）。为了计算 $H(x)$，可将残差加到输入上。假设残差 $F(x)=H(x)-x$，尝试学习 $F(x)+x$，而不是直接学习 $H(x)$。实验证明，学习残差比直接学习输入、输出间映射要容易收敛，可达到更高的分类精度。ResNet 网络结构为多个 Residual Block 的串联，ResNet 网络可以很深，在上百层都有很好的表现。

下面实现一个基本的 Residual Block 结构，代码如下。

```
# 基本的 Residual Block 结构
class ResNetBasicBlock(nn.Module):
    def __init__(self, in_channels, out_channels, stride):
        super().__init__()
        self.conv1 = nn.Conv2d(in_channels, out_channels,
                               kernel_size=3, stride=stride,
                               padding=1, bias=False)
```

```
    self.bn1 = nn.BatchNorm2d(out_channels)
    self.conv2 = nn.Conv2d(out_channels, out_channels,
                       kernel_size=3, stride=stride,
                       padding=1, bias=False)
    self.bn2 = nn.BatchNorm2d(out_channels)

def forward(self, x):
    residual = x
    out = self.conv1(x)
    out = F.relu(self.bn1(out), inplace=True)
    out = self.conv2(out)
    out = self.bn2(out)
    out += residual                    # 输入与输出直接相加
    return F.relu(out)
```

以上代码中的 ResNetBasicBlock 类包含两个卷积层和两个 BN 层，其输入与经过卷积后的输出直接相加作为最后的输出。直接相加会带来一个问题，两个张量的形状要一致，因此直接相加时，in_channels 与 out_channels 一致时才不会报错。初始化这个模块，然后打印查看其结构，代码及输出如下。

```
resnet_block = ResNetBasicBlock(3, 3, 1)
print(resnet_block)

OUTPUT:
  ResNetBasicBlock(
    (conv1): Conv2d(3, 3, kernel_size=(3, 3), stride=(1, 1),
padding=(1, 1), bias=False)
    (bn1): BatchNorm2d(3, eps=1e-05, momentum=0.1, affine=True,
track_running_stats=True)
    (conv2): Conv2d(3, 3, kernel_size=(3, 3), stride=(1, 1),
padding=(1, 1), bias=False)
    (bn2): BatchNorm2d(3, eps=1e-05, momentum=0.1, affine=True,
track_running_stats=True)
  )
```

12.3　TensorBoard 可视化

在观察模型结构时，如果可以通过绘图可视化展示，更容易理解。这时可以考虑使用 TensorBoard 进行可视化。TensorBoard 是一个可视化深度学习模型的工具，它能够有效地展示计算图、各种训练指标随着时间的变化趋势以及训练中使用到的数据信息。要使用它，首先需要在 miniconda prompt 命令行使用 pip 命令安装 TensorBoard。

```
> pip install tensorboard
```

安装完成后，要可视化上面定义的 ResNetBasicBlock 结构，需要先准备一个批次的数据，这里为了简单，我们随机初始化一个批次的随机数代表图片数据，并在 resnet_block 模块上进行调用。

```
# 生成随机数，形状为 (8, 3, 224, 244)，代表批次为 8，大小为 224×224×3 的图片
imgs_batch = torch.randn((8, 3, 224, 244))
pred_batch = resnet_block(imgs_batch) # 调用 resnet_block，得到 pred_batch
```

要使用 TensorBoard 可视化模型结构，需要以下两步。

（1）将网络结构写入事件文件。

（2）使用 TensorBoard 可视化事件文件。

要将网络结构写入事件文件，首先需要导入 SummaryWriter 类，并初始化一个 writer 写入工具实例，其参数是事件文件的写入路径，这里设置为程序当前目录下的 my_log/resnet。

```
from torch.utils.tensorboard import SummaryWriter
# 初始化 SummaryWriter 实例，用来写入计算图
writer = SummaryWriter('my_log/resnet')
```

然后写入模型结构，在写入模型结构时，要给定一个批次的数据，我们使用上面生成的随机输入 imgs_batch。

```
writer.add_graph(resnet_block, imgs_batch)
```

至此第一步的写入完成。

下面使用 TensorBoard 可视化已经写入的模型结构，首先进入 miniconda prompt 命令行，执行 TensorBoard 命令，"logdir=" 后面是写入文件的目录，这里写的是事件文件的绝对路径。

```
> tensorboard --logdir=E:\riyue_guanghua\my_log
```

执行以上代码，读者将看到如图 12-4 所示的启动提示。

这里提示 TensorBoard 服务已启动，在浏览器中打开网址 http://localhost:6006/，可以看到 TensorBoard 页面，如图 12-5 所示。

```
(base) E:\>
(base) E:\>tensorboard --logdir=E:\riyue_guanghua\my_log
2021-08-30 20:57:41.506337: I tensorflow/stream_executor/platform/default
/dso_loader.cc:49] Successfully opened dynamic library cudart64_110.dll
Serving TensorBoard on localhost; to expose to the network, use a proxy o
r pass --bind_all
TensorBoard 2.4.1 at http://localhost:6006/ (Press CTRL+C to quit)
```

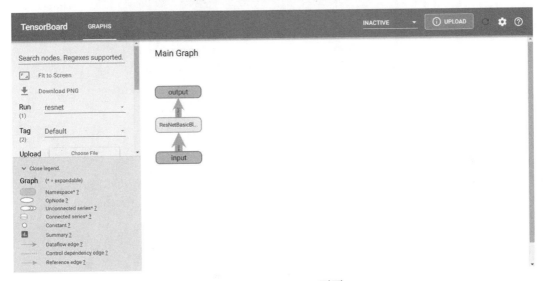

图 12-4　TensorBoard 启动提示

图 12-5　TensorBoard 页面

图12-5 是在网页中打开的 TensorBoard 页面，需要注意的是，TensorBoard 兼容谷歌、Microsoft Edge 或 Firefox 等浏览器，对 IE 等其他浏览器的兼容性较差，可能会出现显示上的某些问题。

在 TensorBoard 显示界面上方，导航栏中只显示有内容的栏目，例如这里只有计算图，也就是导航栏中的 GRAPHS，其他没有相关数据的子栏目都被隐藏在导航栏右侧 INACTIVE 栏目中。页面主体显示了 resnet_block 计算图的主体，并没有显示细节。双击计算图中间的 ResNetBasicBlock，将看到模型结构的细节，如图 12-6 所示。

图 12-6 显示了计算图最顶层的各命名空间之间的数据流关系，命名空间细节信息被隐藏起来，这样便于人们把握模型结构的主要信息，可继续双击命名空间展开各个节点的放大图。从图 12-6 中可以很清楚地看到 ResNetBasicBlock 的主体结构和残差连接。

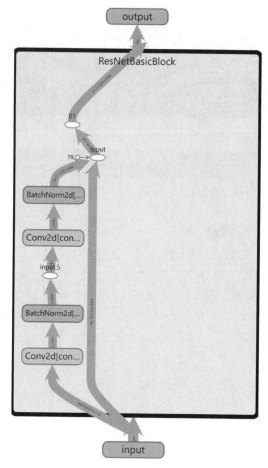

图 12-6　ResNetBasicBlock 模型结构

12.4　ResNetBasicBlock 结构

回到 ResNetBasicBlock 结构上，如果经过多层卷积后，输出的形状发生变化，与输入（也就是前面代码的 residual）的形状不一样，那就不能直接将输入与输出相加，需要对输入使用池化或者卷积改变其形状。类似的基本结构代码如下。

```python
class ResNetBasicBlock(nn.Module):
    def __init__(self, in_channels, out_channels, stride):
        super().__init__()
```

```python
        self.conv1 = nn.Conv2d(in_channels, out_channels,
                               kernel_size=3, stride=stride,
                               padding=1, bias=False)
        self.bn1 = nn.BatchNorm2d(out_channels)
        self.conv2 = nn.Conv2d(out_channels, out_channels,
                               kernel_size=3, stride=stride,
                               padding=1, bias=False)
        self.bn2 = nn.BatchNorm2d(out_channels)
        self.residual = nn.Conv2d(in_channels, out_channels,
                                  kernel_size=3, stride=stride,
                                  padding=1, bias=False)
        self.bn3 = nn.BatchNorm2d(out_channels)

    def forward(self, x):
        out = self.conv1(x)
        out = F.relu(self.bn1(out),inplace=True)
        out = self.conv2(out)
        out = self.bn2(out)
        res = self.residual(x)
        res = self.bn3(res)
        out += res              # 输入通过一个卷积层与 BN 层后才与输出相加
        return F.relu(out)
```

与前面代码中简单地将输入直接与输出相加不同，这里输入经过了一个卷积层后再与输出相加，得到最终的输出，这样 ResNetBasicBlock 模块就可以使用不同的 in_channels 与 out_channels 取值了。

现在初始化一个 ResNetBasicBlock 结构，设置其输入通道数为 3，输出通道数为 16，跨度为 1。

```python
resnet_block = ResNetBasicBlock(3, 16, 1) # in_channels=3, out_channels=16
pred_batch = resnet_block(imgs_batch)# 在随机生成的 imgs_batch 上调用此模型
print(pred_batch.shape)             # 输出 torch.Size([8, 16, 224, 244])
```

PyTorch 内置了 resnet18、resnet34、resnet50、resnet101、resnet152 等 ResNet 模型，模型名称后面的数值表示模型层数，最简单的 resnet18 模型代码如下。

```python
resnet_model = torchvision.models.resnet18(pretrained=False)
print(resnet_model)                 # 输出模型
# 使用 TensorBoard 可视化
writer = SummaryWriter('my_log/resnet18')
writer.add_graph(resnet_model, imgs_batch)
```

resnet18 的模型结构如图 12-7 所示。

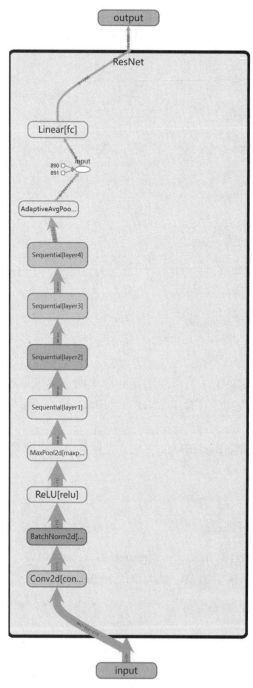

图 12-7　resnet18 模型结构

图 12-7 中包含了 4 个 Sequential 层,这 4 个层是 ResNet 网络基本结构 Residual Block,不难发现 ResNet 网络主要是通过 Residual Block 的串联实现的,其结构有如下特点。

（1）与 VGG 单纯层的堆叠相比,ResNet 多了很多"残差连接",即 shortcut 路径,也就是 Residual Block。

（2）ResNet 中,所有的 Residual Block 都没有池化层,降采样是通过 conv 的 stride 实现的。

（3）通过 Average Pooling 得到最终的特征,而不是通过全连接层。

（4）每个卷积层之后都紧接着 BN 层。

ResNet 结构非常容易修改和扩展,通过调整模块内的通道数量以及堆叠的模块数量,就可以很容易地调整网络的宽度和深度,从而得到不同表达能力的网络,而不用过多地担心网络的"退化"问题,只要训练数据足够,逐步加深网络就可以获得更好的性能表现。

12.5　Inception

提升网络的性能的方法有很多,如硬件的升级,更大的数据集等。但一般而言,提升网络性能最直接的方法是增加网络的深度和宽度。其中,网络的深度指的是网络的层数,宽度指的是每层的通道数。但是,增加网络的深度和宽度会带来两个不足。

（1）容易发生过拟合。当深度和宽度不断增加的时候,需要学习的参数也不断增加,巨大的参数容易发生过拟合。

（2）增大网络容量,会导致计算量的增大。

为了提高网路性能,Christian Szegedy、Wei Liu 等人在论文 *Going Deeper with Convolutions*[①]中提出了 Inception 模型,与我们看到的大多数计算机视觉模型要么使用滤波器尺寸为 1×1、3×3、5×5、7×7 的卷积层,要么使用池化层不同,Inception 模型把不同滤波器尺寸的卷积组合在一起,并联合了所有的输出。Inception 模型如图 12-8 所示。

观察图 12-8 所示的结构不难发现,Inception 模型有如下特点。

（1）采用不同大小的卷积核。不同大小的卷积核意味着不同大小的感受野,最后拼接意味着不同尺度特征的融合。

（2）卷积核大小采用 1、3 和 5,主要是为了方便对齐。

---

① 论文网址为 https://arxiv.org/abs/1409.4842。

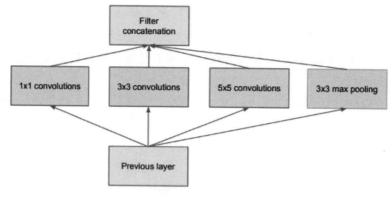

（a）Inception 模型原始版本

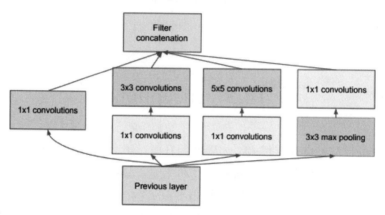

（b）有维度缩减的 Inception 模型

图 12-8　Inception 模型

（3）嵌入了池化层。

（4）输出层使用合并而不是相加。

Inception 这种结构相比 VGG 等主要有以下改进：一是单层 block 就包含 1×1 卷积，3×3 卷积，5×5 卷积，3×3 池化，网络中每一层都能学习到"稀疏"（3×3、5×5）或"不稀疏"（1×1）的特征，既增加了网络的宽度，也增加了网络对尺度的适应性；二是算力成本降低。为了降低算力成本，这里在 3×3 和 5×5 卷积层之前添加额外的 1×1 卷积层来限制输入信道的数量。尽管添加额外的卷积操作似乎是反直觉的，但是 1×1 卷积比 5×5 卷积要廉价很多，而且输入信道数量的减少也有利于降低算力成本。

1×1 卷积之前没有专门介绍过，在 Inception 模型中大量采用了 1×1 卷积，其主要有以下两点作用。

（1）对数据进行降维，1×1 卷积可融合多个特征层，减小特征层的"厚度"。

（2）引入更多的非线性，提高泛化能力，因为卷积后要经过 ReLU 激活函数。

1×1 结构的卷积可大大减小参数数量，这体现在它对卷积输出的特征通道的缩减上，在这一点上，其作用与全连接层类似。

下面用代码来实现基本的 Inception 模型，为了代码复用，先定义一个 BasicConv2d 类，主要封装一个卷积层、BN 层和 ReLU 激活函数，然后再定义 Inception 模型，代码如下。

```python
class BasicConv2d(nn.Module):
    def __init__(self, in_channels, out_channels, **kwargs):
        super(BasicConv2d, self).__init__()
        self.conv = nn.Conv2d(in_channels, out_channels, bias=False,
**kwargs)
        self.bn = nn.BatchNorm2d(out_channels)
    def forward(self, x):
        x = self.conv(x)
        x = self.bn(x)
        return F.relu(x, inplace=True)


class InceptionBasicBlock(nn.Module):
    def __init__(self, in_channels, pool_features):
        super().__init__()
        # 1×1 卷积分支
        self.branch1x1 = BasicConv2d(in_channels, 64, kernel_size=1)
        # 5×5 卷积分支
        self.branch5x5_1 = BasicConv2d(in_channels, 48, kernel_size=1)
        self.branch5x5_2 = BasicConv2d(48, 64, kernel_size=5, padding=2)
        # 3×3 卷积分支
        self.branch3x3dbl_1 = BasicConv2d(in_channels, 64, kernel_size=1)
        self.branch3x3dbl_2 = BasicConv2d(64, 96, kernel_size=3,
padding=1)
        # pool 池化层分支
        self.branch_pool = BasicConv2d(in_channels, pool_features,
kernel_size=1)

    def forward(self, x):
        # 输入经过 1×1 分支
        branch1x1 = self.branch1x1(x)
        # 输入经过 5×5 分支
        branch5x5 = self.branch5x5_1(x)
```

```
branch5x5 = self.branch5x5_2(branch5x5)
# 输入经过 3×3 分支
branch3x3dbl = self.branch3x3dbl_1(x)
branch3x3dbl = self.branch3x3dbl_2(branch3x3dbl)
# 输入经过池化层分支
branch_pool = F.avg_pool2d(x, kernel_size=3, stride=1, padding=1)
branch_pool = self.branch_pool(branch_pool)
# 汇总
outputs = [branch1x1, branch5x5, branch3x3dbl, branch_pool]
# 将所有分支的输出合并作为最后的输出
return torch.cat(outputs, 1)
```

使用 Inception 模型的经典网络 GoogLeNet、inception_v3 等，可在 torchvision.models 模块下直接加载这些使用 Inception 模型的预训练模型。加载代码如下。

```
inception_model = torchvision.models.inception_v3(pretrained=False)
print(inception_model)          # 查看加载的 inception_v3 模型
```

12.6　DenseNet

前面介绍过的 ResNet 和 Inception 模型表明了更深和更广网络的重要性。ResNet 的变种网络层出不穷，都各有其特点，网络性能也有一定的提升。ResNet 使用了残差连接来搭建更深的网络，而 DenseNet 更进一步，它引入了每层与所有后续层的连接，即每一层都接收所有前置层的特征平面作为输入。DenseNet 基本结构的公式如下。

$$X_l = H_l(x_0, x_1, x_2 \cdots, x_{l-1})$$

其中，x_0，x_1 等参数表示 $0 \sim l-1$ 层的输出特征，H 表示 concatenation 运算，即所有特征沿着通道方向合并。

DenseNet 出自论文 *Densely Connected Convolutional Networks*[①]，其基本结构为 Dense Block，Dense Block 的网络结构如图 12-9 所示。

相比 ResNet 的残差连接结构，在每一个 Dense Block 中，任何两层之间都有直接的连接，即网络每一层的输入都是前面所有层输出的并集。该层所学习的特征图也会被直接传给其后面所有层作为输入。DenseNet 通过这种密集连接，可缓解梯度消失问题，加强特征传播，鼓励特征复用，极大地减少了参数量。

---

① 论文网址为 https://arxiv.org/pdf/1608.06993.pdf。

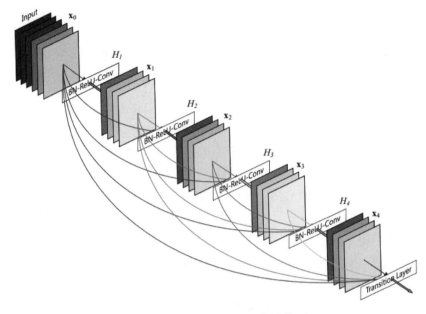

图 12-9　Dense Block 网络结构

DenseNet 比其他网络效率更高，其关键就在于网络每层计算量的减少以及特征的重复利用。DenseNet 网络结构如图 12-10 所示，DenseNet 的密集连接方式需要特征图大小保持一致。为了解决这个问题，DenseNet 网络中使用 Dense Block+Transition 的结构，其中 Dense Block 是包含很多层的模块，每个层的特征图大小相同，层与层之间采用密集连接方式。而 Transition 模块用来连接两个相邻的 Dense Block，并且通过池化使特征图大小降低。

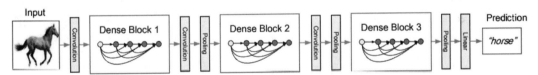

这是拥有三个Dense Block结构的DenseNet模型，两个相邻的Block结构之间使用卷积层和池化层改变特征图大小

图 12-10　DenseNet 网络结构

torchvision.models 模块内置了 densenet121、densenet161、densenet121、densenet201 等 DenseNet 预训练模型，模型后面的数值表示模型层数，通常模型层数越多，拟合能力越强。

12.7　DenseNet 预训练模型提取特征

在第 11 章我们已经了解到，预训练的卷积基的作用是用来提取图片特征。在迁移学习中，卷积基虽然不参与梯度计算，但是作为模型的一部分，在整个训练循环过程中，同一张训练图片要多次经过卷积基计算特征，这样实际上会大大影响训练过程，因为要训练多个 epoch，但同一图片每次经过卷积基提取的特征都是一样的。因此，为了加速训练，可以先用卷积基将全部训练图片的特征提取出来，然后使用提取特征重新训练一个仅包含分类器的模型，这样会节省大量的训练时间。下面使用 DenseNet 预训练模型提取 4 种天气数据集的图片特征，然后训练一个分类模型。通过学习这个例子，读者将对卷积基提取特征、灵活构建 Dataset 输入有深刻的理解。

首先导入 densenet121 预训练模型，现在要使用的是 densenet121 的卷积基部分提取图片特征，因此要取出其卷积基，并设置卷积基参数的 requires_grad 属性为 False。

```python
densenet121 = torchvision.models.densenet121(pretrained=True)
my_densenet = densenet121.features              # 获取 densenet121 的卷积基部分
my_densenet = my_densenet.to(device)
for p in my_densenet.parameters():              # 卷积基参数不参与训练
    p.requires_grad = False
```

然后编写代码提取图片特征。在循环中，图片将在卷积基模型上调用，得到三维的特征输出，然后将输出使用 view() 方法展平。这里的数据集已经被构造为 DataLoader 了，输入部分的代码与 4 种天气分类卷积模型的输入部分代码基本一致，只不过在本节中，在构造 DataLoader 时无论是 train_dl 还是 test_dl 都没必要再对数据做乱序了。将提取的图片特征放到列表中，代码中使用的是 extend() 方法添加的，这是因为每次提取的特征都是一个批次的图片特征。

```python
train_labels = []                               # 图片标签添加到此列表
train_features = []                             # 图片特征添加到此列表

for im, la in train_dl:                         # 对训练数据迭代
    # 在卷积基模型上调用，注意输入的图片也要放到当前 device 上
    o = my_densenet(im.to(device))
    # 卷积基模型的输出特征为三维张量，使用 view() 方法展平为一维张量
    o = o.view(o.size(0), -1)
    train_labels.extend(la)
```

```
   # 注意使用.cpu()方法将数据转移到内存，使用.data 取得值
   train_features.extend(o.cpu().data)
# 提取测试数据的特征
test_labels = []
test_features = []
for im,la in test_dl:
   o = my_densenet(im.to(device))
   o = o.view(o.size(0),-1)
   test_labels.extend(la)
   test_features.extend(o.cpu().data)
```

现在图片特征和对应的标签已被提取到列表中，为了方便后续使用，下面重新构造新的输入 Dataset 和 DataLoader，代码如下。

```
# 创建输入 Dataset 类，初始化的参数为特征列表和对应标签列表
class FeaturesDataset(data.Dataset):
   def __init__(self, featlst, labellst):
      self.featlst = featlst
      self.labellst = labellst
   def __getitem__(self, index):
      return (self.featlst[index], self.labellst[index])
   def __len__(self):
      return len(self.labellst)

# 实例化训练图片 Dataset
train_feat_ds = FeaturesDataset(train_features, train_labels)
# 实例化测试图片 Dataset
test_feat_ds = FeaturesDataset(test_features, test_labels)

train_feat_dl = data.DataLoader(train_feat_ds,
                                batch_size=64,
                                shuffle=True)   # 构建训练数据 DataLoader
test_feat_dl = data.DataLoader(test_feat_ds,
                               batch_size=64)   # 构建测试数据 DataLoader
```

到目前为止，输入特征数据已经准备好了，现在仅需创建一个简单的分类模型，这里演示的模型仅包含一个 Linear 层，它的输入大小为图片特征大小，输出为类别个数。

```
# 创建简单的分类模型
class FCModel(torch.nn.Module):
   def __init__(self, in_size, out_size):
      super().__init__()
      self.fc = torch.nn.Linear(in_size, out_size)
```

```
    def forward(self, inp):
        out = self.fc(inp)
        return out

# 输入为图片的特征, 这里获取特征数据集的形状
fc_in_size = train_features[0].shape[0]
out_class = 4
model = FCModel(fc_in_size, out_class)
model = model.to(device)
```

最后就可以训练模型了。对比前面讲解过的迁移学习模型的训练过程，读者会发现，现在训练的过程非常快。训练输出如下。

```
epoch: 0, train_loss: 0.58286, train_acc: 77.8%, test_loss: 0.27208,
test_acc: 91.6%
epoch: 1, train_loss: 0.06109, train_acc: 98.7%, test_loss: 0.24227,
test_acc: 92.0%
epoch: 2, train_loss: 0.02073, train_acc: 99.8%, test_loss: 0.22832,
test_acc: 91.6%
epoch: 3, train_loss: 0.01769, train_acc: 100.0%, test_loss: 0.22297,
test_acc: 91.6%
epoch: 4, train_loss: 0.01030, train_acc: 100.0%, test_loss: 0.24119,
test_acc: 92.0%
epoch: 5, train_loss: 0.00677, train_acc: 100.0%, test_loss: 0.23316,
test_acc: 92.9%
epoch: 6, train_loss: 0.00586, train_acc: 100.0%, test_loss: 0.23069,
test_acc: 92.9%
epoch: 7, train_loss: 0.00449, train_acc: 100.0%, test_loss: 0.22766,
test_acc: 93.3%
epoch: 8, train_loss: 0.00404, train_acc: 100.0%, test_loss: 0.22508,
test_acc: 93.8%
epoch: 9, train_loss: 0.00349, train_acc: 100.0%, test_loss: 0.22151,
test_acc: 93.8%
epoch:10, train_loss: 0.00313, train_acc: 100.0%, test_loss: 0.22263,
test_acc: 93.8%
epoch:11, train_loss: 0.00356, train_acc: 100.0%, test_loss: 0.22255,
test_acc: 94.2%
epoch:12, train_loss: 0.00269, train_acc: 100.0%, test_loss: 0.21631,
test_acc: 94.2%
epoch:13, train_loss: 0.00325, train_acc: 100.0%, test_loss: 0.21929,
test_acc: 94.2%
epoch:14, train_loss: 0.00225, train_acc: 100.0%, test_loss: 0.22920,
test_acc: 93.8%
epoch:15, train_loss: 0.00217, train_acc: 100.0%, test_loss: 0.22822,
```

```
test_acc: 93.8%
epoch:16, train_loss: 0.00198, train_acc: 100.0%, test_loss: 0.22628,
test_acc: 94.2%
epoch:17, train_loss: 0.00179, train_acc: 100.0%, test_loss: 0.22653,
test_acc: 94.2%
epoch:18, train_loss: 0.00164, train_acc: 100.0%, test_loss: 0.22734,
test_acc: 93.8%
epoch:19, train_loss: 0.00154, train_acc: 100.0%, test_loss: 0.22702,
test_acc: 93.8%
Done!
```

本例中没有做数据增强，因为一旦做了数据增强，每次循环中图片均不再完全一样，就不能使用本章的方法先提取图片特征再训练了。在使用图像增强时只能使用第 11 章迁移学习的思路。另外，本章也不能使用微调，毕竟图片特征已经被提取，卷积基不再参与分类模型的训练，也就不可能做所谓的微调了。

12.8　本章小结

本章讲解了一些经典的网络模型，包括 VGG、ResNet、Inception、DenseNet 等，它们是近年来深度学习中备受关注的模型架构，在处理日常模型构建等任务时，要想到尽量使用框架提供的预训练模型。在研究新模型时，也可以借鉴本章讲解的这些模型的结构特点。本章演示了使用 DenSeNet 提取图片特征，虽然先提取图片特征这种方法在本章实例中的正确率结果表现并不突出，但是这样做可有效减少训练时间、提高代码执行速度。图片特征在实际中应用很多，如要创建一个图片数据库，为了加快图片的搜索速度，数据库中可存储图片特征而不是图片本身，这样，当用户搜索与某张图片类似的图片时，可将要搜索的图片提取特征后与数据库中存储的图片特征计算距离，从而快速地找出相近的图片。

13 第13章
chapter
图像定位基础

本章主要讲解图像定位的原理和实现，涉及对图片中单个目标的定位和分类、图像目标定位的简单实现方法、如何处理模型多个输出等。本章的定位算法相对比较简单，但这依然是多目标定位的基础原理。多目标识别具体实现起来要复杂许多，第19章将介绍常见的目标检测算法以及如何使用PyTorch内置的目标检测算法。

13.1 简单图像定位模型

图像定位是指预测目标在图像中的位置，如常见的住宅小区人脸识别门禁系统中对访客做人脸识别，首先需要确定人脸所在位置，然后才能对其做识别，否则变换的背景会大大影响识别的正确率。在具体实施中，图像定位就是确定一个包含目标的矩形框，如图13-1所示为猫脸的定位。

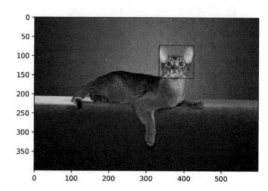

图13-1 猫脸的定位

对此，只需预测4个点，目标就会在这4个点形成的矩形框中。为了对4个点的位置进行量化，通常可以建立一个坐标系，如设定图片左下角为坐标系原点(0,0)，然后预测矩形框的 4 个角的坐标，这样就完成了目标的定位。

我们将问题简单化，既然是一个矩形，那么仅需确定横坐标 2 个点的位置和纵坐标的 2 个点的位置。由于图片的大小可能不同，预测的这 4 个值是一个相对位置，也就是说，相对整张图的长和宽的相对位置。综合上面的分析，简单图像定位就是预测 4 个值，这 4 个值的取值显然为 0～1。从预测值看，图像定位明显不是分类问题，而是回归问题，所以图像定位在代码中可通过在图像上创建一个回归模型实现，这个回归模型输出 4 个值。如果需要在定位的同时预测图片中物体的类别，那就是另外要处理的分类问题了。

针对既要预测类别还要定位目标位置这样的需求，首先可以使用卷积模型提取特征，然后分别连接 2 个输出：一个做回归，输出位置；另一个做分类，输出类别。图像定位模型结构如图 13-2 所示。

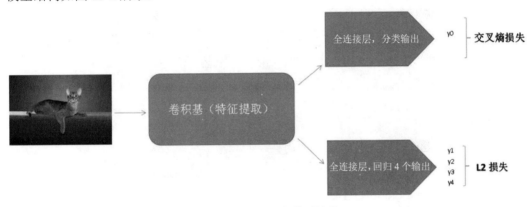

图 13-2　图像定位模型结构

通过本书前面的学习，读者已经了解到，对于回归问题可以使用 L2 损失（也叫作 MSE_loss）；分类问题使用交叉熵损失，在代码处理中，可将两个损失求和作为最后计算出的总损失。

13.2　数据集观察

下面用一个例子演示图像定位的代码实现。本章使用的数据集是 The Oxford-IIIT Pet Dataset，这是一个宠物图像数据集[①]，包含两类（猫和狗）共 37 种宠物，每种宠物约有

---

① 数据集来源为 https://www.robots.ox.ac.uk/~vgg/data/pets/。

200 张图片，同时图片包含宠物类别和头部轮廓标注信息。

图 13-3　The Oxford-IIIT Pet Dataset 中的部分图片

数据集中所有图像都有一个相关的基本事实注释，包括品种、头部 ROI（感兴趣区域）和像素级 trimap 分割。The Oxford-IIIT Pet Dataset 中的标注示例如图 13-4 所示。

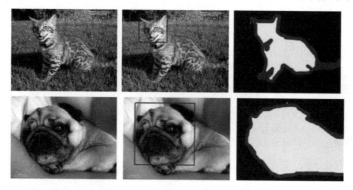

图 13-4　The Oxford-IIIT Pet Dataset 中的标注示例

本章编写代码的目标主要是同时识别类别（猫或狗两个大类）以及定位其头部轮廓。数据集的类别和轮廓标注数据格式为 XML 文件，类别和轮廓标注文件如图 13-5 所示。

Abyssinian_1.xml	2012/6/30 1:39	XML 文档	1 KB
Abyssinian_10.xml	2012/6/30 1:39	XML 文档	1 KB
Abyssinian_11.xml	2012/6/30 1:39	XML 文档	1 KB
Abyssinian_12.xml	2012/6/30 1:39	XML 文档	1 KB
Abyssinian_13.xml	2012/6/30 1:39	XML 文档	1 KB
Abyssinian_14.xml	2012/6/30 1:39	XML 文档	1 KB
Abyssinian_15.xml	2012/6/30 1:39	XML 文档	1 KB
Abyssinian_16.xml	2012/6/30 1:39	XML 文档	1 KB
Abyssinian_17.xml	2012/6/30 1:39	XML 文档	1 KB
Abyssinian_18.xml	2012/6/30 1:39	XML 文档	1 KB

图 13-5　类别和轮廓标注文件

用浏览器打开图 13-5 中的文件并查看其内容，如打开第一个文件 Abyssinian_1.xml，可以看到如图 13-6 所示的内容。

```xml
<?xml version="1.0"?>
<annotation>
    <folder>OXIIIT</folder>
    <filename>Abyssinian_1.jpg</filename>
  - <source>
        <database>OXFORD-IIIT Pet Dataset</database>
        <annotation>OXIIIT</annotation>
        <image>flickr</image>
    </source>
  - <size>
        <width>600</width>
        <height>400</height>
        <depth>3</depth>
    </size>
    <segmented>0</segmented>
  - <object>
        <name>cat</name>
        <pose>Frontal</pose>
        <truncated>0</truncated>
        <occluded>0</occluded>
      - <bndbox>
            <xmin>333</xmin>
            <ymin>72</ymin>
            <xmax>425</xmax>
            <ymax>158</ymax>
        </bndbox>
        <difficult>0</difficult>
    </object>
</annotation>
```

图 13-6　浏览器打开的标注文件内容

　　XML 是一种标记语言，使用一系列简单的标记描述数据。观察图 13-6 中的文件内容不难发现，其<filename>标签下有图片名称，<name>标签下有其类别，宽度和长度在头部轮廓位置都有对应的标签。提取这些标签数据时可以使用 lxml 库，这是一个常用的网页解析库。这里的 XML 文件很简单，使用 lxml 库即可将所需的数据提取出来。lxml 库并不是 Python 的标准库，需要手动安装，在 Linux 系统可使用 pip 安装，由于在 Windows 系统下使用 pip 安装则会出现问题，建议读者使用 conda 命令安装 lxml 库。接下来打开 Anaconda Prompt 命令行，执行如下安装命令。

```
> conda install lxml
```

安装完毕后，首先在代码中导入本章需要使用的库，代码如下。

```
import torch
import torch.nn as nn
import torch.nn.functional as F
from torch.utils import data
import torchvision
from torchvision import transforms


import numpy as np
```

```
import matplotlib.pyplot as plt
from matplotlib.patches import Rectangle          # 绘制轮廓矩形框

import os
from lxml import etree                             # 从 lxml 库导入 etree 模块
import glob
from PIL import Image
```

然后打开第一个 XML 文件，使用已导入的 etree 模块解析其中的数据，这里用到了 xpath 语法根据标签选择数据，读者如果不了解，照做即可。

```
xml = open(r'dataset/annotations/xmls/Abyssinian_1.xml').read()
sel = etree.HTML(xml)
name = sel.xpath('//object/name/text()')[0]       # 类别数据
width = sel.xpath('//size/width/text()')[0]        # 图片宽度像素值
height = sel.xpath('//size/height/text()')[0]      # 图片高度像素值
xmin = sel.xpath('//bndbox/xmin/text()')[0]        # 头部轮廓的宽度最小像素值
ymin = sel.xpath('//bndbox/ymin/text()')[0]        # 头部轮廓的高度最小像素值
xmax = sel.xpath('//bndbox/xmax/text()')[0]        # 头部轮廓的宽度最大像素值
ymax = sel.xpath('//bndbox/ymax/text()')[0]        # 头部轮廓的高度最大像素值
print(name, width, height, xmin, ymin, xmax, ymax)
```

上面代码中解析出了 7 个值，分别是图片类别、图片宽度像素值、图片高度像素值、头部轮廓的宽度最小像素值、头部轮廓的高度最小像素值、头部轮廓的宽度最大像素值、头部轮廓的高度最大像素值。使用这些值可以将第一张图片以及其对应的轮廓标注，绘图代码如下。

```
width = int(width)              # 解析出的数值类型为 string，转为 int 类型
height = int(height)
xmin = int(xmin)
ymin = int(ymin)
xmax = int(xmax)
ymax = int(ymax)

pil_img = Image.open(r'dataset/images/Abyssinian_1.jpg')
                                # 读取 XML 文件对应的图片
np_img = np.array(pil_img)      # 转为 ndarray 格式
print(np_img.shape)             # 输出图片形状：(400, 600, 3)

plt.imshow(np_img)              # 绘制图片
plt.title(name)                 # 打印类别作为图片 title
# 下面代码绘制轮廓矩形框
rect = Rectangle((xmin, ymin), (xmax-xmin), (ymax-ymin), fill=False,
```

```
color='red')
ax = plt.gca()
ax.axes.add_patch(rect)
plt.show()
```

绘制出来的图像如图 13-7 所示。

在上面代码中可以看到这张图片的大小是(400, 600, 3)，观察其他图片会发现，数据集中图片大小是不一样的，为了使用批量训练，需要将图片调整到同样大小，为了将头部轮廓正确标出，需要将轮廓所在像素值按照总宽度和高度等比例缩小，如果要将图片调整到(224,224,3)大小，可使用如下代码等比例缩放标注框。

```
img = pil_img.resize((224, 224))

xmin = xmin*224/width
ymin = ymin*224/height
xmax = xmax*224/width
ymax = ymax*224/height
# 绘制调整大小后的图片
plt.imshow(img)
plt.title(name)
rect = Rectangle((xmin, ymin), (xmax-xmin), (ymax-ymin), fill=False,
color='red')
ax = plt.gca()
ax.axes.add_patch(rect)
plt.show()
```

调整大小后的图片如图 13-8 所示。

图 13-7　图像及其标注绘图

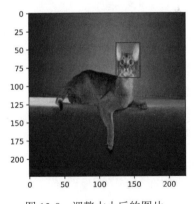

图 13-8　调整大小后的图片

可以看到调整大小后图像被扭曲了，但是轮廓标注依然是正确的。通过这个缩放能够让读者更清楚，在做图像位置回归时，预测的矩形轮廓的 4 个值不是绝对的像素值，而是相对图像宽度和高度的比值：xmin/width、ymin/height、xmax/width、ymax/height，只要预测出这 4 个值，无论实际的图像需要多大，都能直接标注其头部轮廓。

13.3　创建模型输入

通过上面的介绍，读者已经了解了数据以及如何读取数据，下面来创建模型输入。模型输入包含两部分：即图片和对应的标注数据，需要分别读取。图片数据集在程序当前目录下的 dataset/images 文件夹中，标注数据在 dataset/annotations/xmls 文件夹中，首先使用 glob 库获取文件路径，代码如下。

```
images = glob.glob('dataset/images/*.jpg')
print(len(images))                      # 输出结果 7390
xmls = glob.glob('dataset/annotations/xmls/*.xml')
print(len(xmls))                        # 输出结果 3686
print(xmls[:3])                         # 打印前 3 条标注数据的路径
```

这里会发现图片数据要比标注的 XML 文件多很多，这是因为当前的数据集仅对部分图片做了轮廓标注，因此我们筛选这些已经标注的图片。

```
xmls_names = [x.split('\\')[-1].split('.xml')[0] for x in xmls]
                                        # 提取标注文件名
print(xmls_names[:3])# 输出['Abyssinian_1','Abyssinian_10','Abyssinian_100']
# 使用提取到的文件名构造对应的图片路径
imgs = [os.path.join('dataset/images', xml_name)
+ '.jpg' for xml_name in xmls_names]
print(len(imgs))                        # 输出结果 3686
print(imgs[:3])                         # 打印前 3 条图片路径
```

上述代码中首先提取标注数据的文件名，然后利用图片与标注数据文件名一致的特点构造对应的图片路径。需要注意的是，代码中对标注文件路径直接使用了 split()方法，在读者自己的环境中，可能路径构造与本书中的并不一样，因此要根据本地的路径特点，将文件名分割出来。

现在得到了图像路径和标注文件路径，对它们做同样的乱序（保证对应关系），方便划分训练数据和测试数据。

```
np.random.seed(2022)
index = np.random.permutation(len(imgs))
```

```
images = np.array(imgs)[index]
xmls = np.array(xmls)[index]
```

下面编写一个函数，此函数会将标注文件进行解析并返回所需的标注数据，函数中的解析代码与前面演示过的解析方法一样。对于位置数据，返回的是相对图片高和宽的比值；对于类别名称，这里我们直接转为数值类型。

```
name_to_id = {'cat':0, 'dog': 1}              # 类别到分类标签的映射
id_to_name = {0:'cat', 1:'dog'}               # 分类标签到类别的映射

def to_labels(path):
    xml = open(r'{}'.format(path)).read()
    sel = etree.HTML(xml)
    name = sel.xpath('//object/name/text()')[0]
    width = int(sel.xpath('//size/width/text()')[0])
    height = int(sel.xpath('//size/height/text()')[0])
    xmin = int(sel.xpath('//bndbox/xmin/text()')[0])
    ymin = int(sel.xpath('//bndbox/ymin/text()')[0])
    xmax = int(sel.xpath('//bndbox/xmax/text()')[0])
    ymax = int(sel.xpath('//bndbox/ymax/text()')[0])
    return (xmin/width, ymin/height, xmax/width, ymax/height,
            name_to_ id.get(name))

# 使用定义的 to_labels 函数将标注文件解析
# 注意数据格式
labels = np.array([to_labels(path) for path in xmls], dtype=np.float32)
```

下面划分训练数据和测试数据，并创建 dataset。需要说明的是，在以上代码的 to_labels 函数中，将所有标注数据以元组的形式返回，在创建 dataset 时需要区分标注的位置数据和分类数据，因此对 label 直接做切片，label 的前四项为位置数据，最后一项为分类数据，即 dataset 的 __getitem__ 方法会返回三项结果，分别是图片数据、位置标注和类别标注。

```
# 划分训练数据和测试数据
sep = int(len(imgs)*0.8)
train_images = images[ :sep]
train_labels = labels[ :sep]
test_images = images[sep: ]
test_labels = labels[sep: ]

scal = 224                                     # 图片大小设置为 224×224
BATCH_SIZE = 16

transform = transforms.Compose([
```

```
                transforms.Resize((scal, scal)),
                transforms.ToTensor()])

class Oxford_dataset(data.Dataset):
    def __init__(self, img_paths, labels, transform):
        self.imgs = img_paths
        self.labels = labels
        self.transforms = transform

    def __getitem__(self, index):
        img = self.imgs[index]
        label = self.labels[index]
        pil_img = Image.open(img)
        pil_img = pil_img.convert("RGB")
        pil_img = transform(pil_img)
        # label 使用切片，分别切出位置标注、类别标注，类别标注需要转为 int 类型
        return pil_img, label[:4], int(label[4])

    def __len__(self):
        return len(self.imgs)

# 创建训练数据、测试数据的 dataset 和 dataloader
train_dataset = Oxford_dataset(train_images, train_labels, transform)
test_dataset = Oxford_dataset(test_images, test_labels, transform)
train_dl = data.DataLoader(train_dataset, batch_size=BATCH_SIZE,
shuffle=True)
test_dl = data.DataLoader(test_dataset, batch_size=BATCH_SIZE,)
```

接下来使用已经创建好的 dataloader 返回一个批次的数据，并绘图查看。这里 dataloader 在迭代时返回三项数据，其中 labels1_batch 是位置标注，labels2_batch 是类别标注，绘图时需将位置标注乘以图片的宽和高，即可得到实际像素值。

```
(imgs_batch, labels1_batch, labels2_batch) = next(iter(train_dl))
# 打印出返回的数据集形状
# 输出类似 (torch.Size([16, 3, 224, 224]), torch.Size([16, 4]),
torch.Size([16]))
print(imgs_batch.shape, labels1_batch.shape, labels2_batch.shape)
# 绘制前 6 张图片及其标注
plt.figure(figsize=(12, 8))
for i, (img, label_1, label_2) in enumerate(zip(imgs_batch[:6],
                                            labels1_batch[:6],
                                            labels2_batch[:6])):
    img = img.permute(1,2,0).numpy()# permute 方法将图片格式转为(高,宽,通道)
    plt.subplot(2, 3, i+1)
```

```
plt.imshow(img)
plt.title(id_to_name.get(label_2.item()))
# 位置数据乘以 scal，即可得到实际像素值
xmin, ymin, xmax, ymax = tuple(label_1.numpy()*scal)
rect = Rectangle((xmin, ymin), (xmax-xmin), (ymax-ymin),
                 fill=False, color='red')
ax = plt.gca()
ax.axes.add_patch(rect)
plt.show()
```

第一个批次的前 6 张图片的绘图输出如图 13-9 所示。

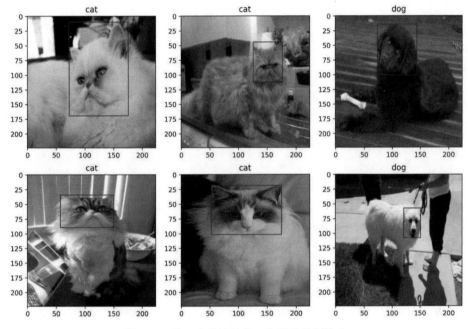

图 13-9　第一个批次的前 6 张图片绘制输出

至此，输入部分处理完毕。

13.4　创建图像定位模型

下面开始创建图像定位模型，首先使用卷积基提取特征，然后分别连接两个输出，一个做回归，输出 4 个位置；另一个预测分类，输出类别。这里使用 resnet101 作为卷积基。需要特别注意的是，本章并不像迁移学习中那样冻结卷积基，而是使用预训练的权

重作为初始权重，卷积基是参与整个训练过程的。模型需要两个输出，卷积基分别连接到两个 Linear 层，输出位置预测和类别预测，位置包含 4 个值，最后输出张量大小为 4；类别包含 2 个类，输出张量大小为 2。

在编写模型之前，先看如何选取 resnet101 模型的卷积基。首先加载预训练模型，并打印模型，代码如下。

```
resnet101 = torchvision.models.resnet101(pretrained=True)
print(resnet101)              # 打印 ResNet 模型
```

输出模型代码如下。

```
ResNet(
  (conv1): Conv2d(3, 64, kernel_size=(7, 7), stride=(2, 2),
padding=(3, 3), bias=False)
  (bn1): BatchNorm2d(64, eps=1e-05, momentum=0.1, affine=True,
track_running_stats=True)
  (relu): ReLU(inplace=True)
  (maxpool): MaxPool2d(kernel_size=3, stride=2, padding=1, dilation=1,
ceil_mode=False)
  (layer1): Sequential(
    (0): Bottleneck(
      (conv1): Conv2d(64, 64, kernel_size=(1, 1), stride=(1, 1),
bias=False)
      (bn1): BatchNorm2d(64, eps=1e-05, momentum=0.1, affine=True,
track_running_stats=True)
      (conv2): Conv2d(64, 64, kernel_size=(3, 3), stride=(1, 1),
padding=(1, 1), bias=False)
      (bn2): BatchNorm2d(64, eps=1e-05, momentum=0.1, affine=True,
track_running_stats=True)
      (conv3): Conv2d(64, 256, kernel_size=(1, 1), stride=(1, 1),
bias=False)
      (bn3): BatchNorm2d(256, eps=1e-05, momentum=0.1, affine=True,
track_running_stats=True)
      (relu): ReLU(inplace=True)
      (downsample): Sequential(
        (0): Conv2d(64, 256, kernel_size=(1, 1), stride=(1, 1), bias=False)
        (1): BatchNorm2d(256, eps=1e-05, momentum=0.1, affine=True,
track_running_stats=True)
      )
    )
  ... # 输出层太多，此处做了省略
  (avgpool): AdaptiveAvgPool2d(output_size=(1, 1))
  (fc): Linear(in_features=2048, out_features=1000, bias=True))
```

在以上代码中包含的卷积层或者自定义层很多，无法直接使用一个属性获取此模型的卷积基。对此，可以使用 resnet.children()方法，此方法以生成器形式返回模型所包含的所有层，代码如下。

```
print(list(resnet.children()))          # 输出 10
```

显然模型包含 10 个层（其中有自定义的层），除去最后的 AdaptiveAvgPool2d 层和 Linear 层，前面的 8 个层就是卷积基部分，要使用这 8 个层所组成的卷积基和 AdaptiveAvgPool2d 层，可使用 nn.Sequential()方法直接将其重新创建为一个新的模型，模型的创建代码如下。

```
in_f = resnet101.fc.in_features          # in_f 为 2048
# 创建图像定位模型
class Net(nn.Module):
    def __init__(self):
        super(Net, self).__init__()
# 构建卷积基
        self.conv_base = nn.Sequential(*list(resnet101.children())[:-1])
        self.fc1 = nn.Linear(in_f, 4)        # 位置输出层
        self.fc2 = nn.Linear(in_f, 2)        # 类别输出层

    def forward(self, x):
        x = self.conv_base(x)
        x = x.view(x.size(0), -1)
        x1 = self.fc1(x)
        x2 = self.fc2(x)
        return x1, x2
```

然后初始化模型、损失函数和优化器，这里有 2 个不同的输出，分别是回归输出和分类输出，所以损失函数要分别进行初始化，代码如下。

```
device = "cuda" if torch.cuda.is_available() else "cpu"
print("Using {} device".format(device))
# 初始化模型
model = Net()
model = model.to(device)
# 初始化 2 个损失函数
loss_mse = nn.MSELoss()
loss_crossentropy = nn.CrossEntropyLoss()
# 初始化优化器，这里使用了学习速率衰减
from torch.optim import lr_scheduler
optimizer = torch.optim.Adam(model.parameters(), lr=0.0001)
```

```
exp_lr_scheduler = lr_scheduler.StepLR(optimizer, step_size=7,
gamma=0.5)
```

最后训练代码，训练代码中 dataloader 返回 3 项值，这是与前面实例的不同之处。另外，本章涉及回归问题，在训练中没有计算正确率指标，仅记录了损失的变化，代码如下。

```
# 定义训练数据的 train 函数
def train(dataloader):
    num_batches = len(dataloader)
    train_loss = 0
    model.train()
    for X, y1, y2 in dataloader:
        X, y1, y2 = X.to(device), y1.to(device), y2.to(device)
        # 计算预测误差
        y1_pred, y2_pred = model(X)
        loss = loss_mse(y1_pred, y1) + loss_crossentropy(y2_pred, y2)
        # 反向传播
        optimizer.zero_grad()
        loss.backward()
        optimizer.step()
        with torch.no_grad():
            train_loss += loss.item()
    train_loss /= num_batches
    return train_loss

# 定义演示数据的 test 函数
def test(dataloader):
    num_batches = len(dataloader)
    model.eval()
    test_loss = 0
    with torch.no_grad():
        for X, y1, y2 in dataloader:
            X, y1, y2 = X.to(device), y1.to(device), y2.to(device)
            # 计算预测误差
            y1_pred, y2_pred = model(X)
            loss = loss_mse(y1_pred, y1) + loss_crossentropy(y2_pred, y2)
            test_loss += loss.item()
    test_loss /= num_batches
    return test_loss

# 训练执行函数
def fit(epochs, train_dl, test_dl):
    train_loss = []
    test_loss = []
```

```
for epoch in range(epochs):
    epoch_loss = train(train_dl)
    epoch_test_loss = test(test_dl)
    train_loss.append(epoch_loss)
    test_loss.append(epoch_test_loss)
    exp_lr_scheduler.step()
    template = ("epoch:{:2d}, train_loss: {:.5f}, test_loss: {:.5f}")
    print(template.format(epoch, epoch_loss, epoch_test_loss))
print("Done!")
return train_loss, test_loss
```

训练 50 个 epoch，并将训练结果绘图，代码如下。

```
epochs = 50
train_loss, test_loss = fit(epochs, train_dl, test_dl)        # 执行训练

# 将损失函数的变化绘图
plt.figure()
plt.plot(range(1,len(train_loss)+1),train_loss,'r',label='Training loss')
plt.plot(range(1,len(train_loss)+1),test_loss,'bo',label='Validation loss')
plt.title('Training and Validation Loss')
plt.xlabel('Epoch')
plt.ylabel('Loss Value')
plt.legend()
plt.show()
```

训练中损失变化曲线如图 13-10 所示。

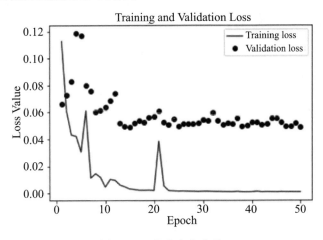

图 13-10　损失变化曲线

13.5 模型保存与测试

为了验证模型的效果，我们将模型权重保存后重新加载，然后在测试数据集上进行预测，绘图查看其预测情况，代码如下。

```
PATH = 'location_model.pth'              # 权重保存路径
torch.save(model.state_dict(), PATH)     # 执行保存

model = Net()                            # 重新初始化模型
model.load_state_dict(torch.load(PATH))  # 加载模型权重
model = model.cpu()  # 注意：.cpu()方法表示模型使用 CPU，模型使用 GPU 对应的
是.cuda()方法

plt.figure(figsize=(12, 8))
imgs, _, _ = next(iter(test_dl)) # 加载数据时，对于标注数据不再需要使用_占位符
out1, out2 = model(imgs)                  # 模型预测，注意：模型返回 2 个值
for i in range(6):
    plt.subplot(2, 3, i+1)
    plt.imshow(imgs[i].permute(1,2,0).detach())
    plt.title(id_to_name.get(torch.argmax(out2[i]).item()))
    xmin, ymin, xmax, ymax = tuple(out1[i].detach().numpy()*scal)
    rect = Rectangle((xmin, ymin), (xmax-xmin), (ymax-ymin), fill=False,
color='red')
    ax = plt.gca()
    ax.axes.add_patch(rect)
plt.show()
```

测试数据集上的预测结果输出如图 13-11 所示。

图 13-11 中 title（如 cat，dog）表示预测出的类别，可以看出模型基本可以正确地预测图像类别以及图像中动物的头部轮廓。本章使用了 resnet101 预训练模型，读者也可尝试使用其他预训练模型。在本章处理分类时，仅预测其大类别（猫或狗），读者也可尝试预测品种类别，这个类别名称体现在图像文件名上，共有 37 类，读者可参考本章演示的方式处理此类多分类问题。

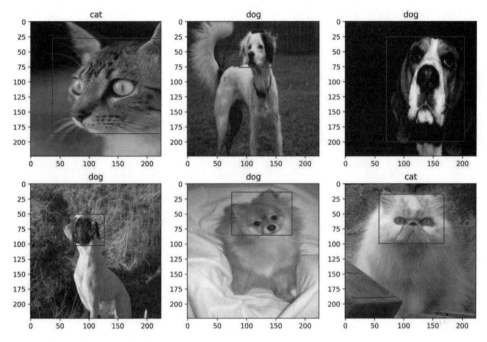

图 13-11 测试数据集上的预测结果输出

13.6 本 章 小 结

本章重点讲解了简单图像定位模型的实现。读者应该掌握使用回归问题预测图像中目标位置的方法。在复杂的目标识别任务中，对于多个目标，模型依然使用回归的思路进行定位。本章还演示了多个输出模型的创建和训练，在应用中，模型有多个输入和多个输出是很常见的，读者要学会处理。

另外，本章还演示了获取模型层的方法 model.children()，实际上，本章实例中并不是必须要这样处理，完全可以直接使用整个 resnet101 模型，在最后添加新的输出层，这样做也是可以的，读者可自行尝试。

为了方便读者参考，本章将全部代码都做了详细的演示，读者在以后编写代码处理回归问题时，可以以本章为参考对象，编写训练、保存和测试代码。

第 14 章
图像语义分割

图像语义分割是计算机视觉应用的重要领域，其应用非常广泛。本章将介绍常见图像处理任务、图像语义分割、U-Net 语义分割模型、创建输入 Dataset、反卷积等内容。其中将重点讲解图像语义分割的概念、原理和实现，使用 U-Net 结构实现图像语义分割的方法。

14.1 常见图像处理任务

通过前面的学习，读者已经了解了图像分类、图像定位这样的任务。下面先来总结常见的图像处理任务有哪些。

1. 分类

给定一幅图像，要求用计算机模型预测图片中的是什么对象。例如，在图 14-1 中，希望能识别出其类别为猫，这是最常见的图像处理的任务。

2. 分类和定位

对于分类和定位问题，不仅需要知道图片中的对象是什么，还要在对象的附近画一个边框，确定该对象所处的位置。例如，第 13 章演示过的 The Oxford-IIIT Pet Dataset 图像定位，不仅要识别图中对象的类别，还要将其中对象的头部轮廓标注出来。分类和定位问题示例如图 14-2 所示。

3. 图像语义分割

图像语义分割是指将图像的每个像素标记为所表示的相关类别，是像素级地识别图像，即标注出图像中每个像素所属的对象类别。

图像语义分割可以区分图中每一个像素点所属类别，而不仅仅是用矩形框框住。例如，本章将要实现的任务是要将图像中猫的身体、边缘和背景分割出来，如图 14-3 所示。

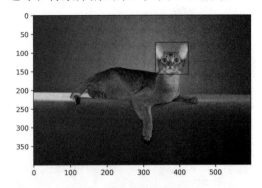

图 14-1　分类问题示例　　　　　　　　　　图 14-2　分类和定位问题示例

图 14-3　图像语义分割示例

4．目标检测

目标检测简单来说就是回答图片里面有什么对象，对象分别在哪里之类的问题。例如，把目标对象用矩形框框住并标注类别（可参考论文 *You Only Look Once: Unified, Real-Time Object Detection*），目标检测示例如图 14-4 所示。

图 14-4　目标检测示例

5. 实例分割

实例分割是目标检测和语义分割的结合。相对目标检测的边界框，实例分割可精确到物体的边缘；相对语义分割，实例分割需要标注出图上同一物体的不同个体（可参考论文 *Mask R-CNN*），实例分割示例如图 14-5 所示。

图 14-5　实例分割示例

以上是最常见的图像处理任务，在计算机视觉研究中，这些也是最受关注的几个研究方向。计算机图像处理任务还有很多，如目标追踪、视频识别、姿态识别、超分辨率重建、图像描述等，读者有兴趣可自行了解。

14.2　图像语义分割

本章重点讲解图像语义分割，它是图像处理和计算机视觉技术中关于图像理解的重要一环，也是 AI 领域中一个重要的分支。图像语义分割是指像素级地识别图像，即标注出图像中每个像素所属的对象类别。图 14-6 为语义分割的一个示例，其目标是预测图像中每一个像素的类标签，也就是预测图像中每一个像素是属于背景、边缘、猫的身体这 3 个类别中的哪一类。图像语义分割本质上是一个分类问题，只不过是对每一个像素都要分类。

从图像语义分割的目标上看，更容易理解图像语义分割的本质。图像语义分割的目标一般是将一张 RGB 图像（height×width×3）或是灰度图（height×width×1）作为输入，输出的是分割图，分割图中的每个像素是其类别的标签，所以分割图的形状为（height×width×1），其中每个像素点的值是其类别（0、1、2、3 等）。

目前在图像语义分割领域比较成功的算法，有很大一部分都来自同一个先驱：Long等人在论文[①]中提出的 Fully Convolutional Network（FCN），或称全卷积网络。FCN 将已

---

① 论文网址为 https://ieeexplore.ieee.org/ielaam/34/7870775/7478072-aam.pdf。

经熟悉的分类网络转换成用于分割任务的网络结构，并证明了在分割问题上可以实现端到端的网络训练。FCN 成为了深度学习解决分割问题的奠基石。

图 14-6　图像语义分割示例

前面介绍过的分类网络结构尽管表面上看可以接收任意尺寸的图片作为输入，但是由于网络结构中最后全连接层的存在，使其丢失了输入的空间信息，因此，这些网络并没有办法直接用于解决诸如分割等稠密估计的问题。考虑到这一点，FCN 用卷积层和池化层替代了分类网络中的全连接层，从而使得网络结构可以适应像素级的稠密估计任务，FCN 网络结构如图 14-7 所示。

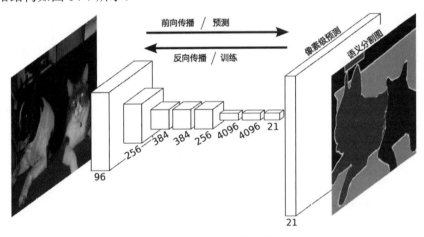

图 14-7　FCN 网络结构

FCN 作为将深度学习应用到图像语义分割的开创性模型，在实际应用中没有 U-Net 模型受欢迎，本书不再详细讲解，有兴趣的读者可研读其论文。

图像语义分割的应用十分广泛，常见应用如下。

（1）自动驾驶汽车。可通过车载摄像头对视野区域进行语义分割，为汽车增加必要的感知，以了解当前所处的环境，以便自动驾驶的汽车可以安全行驶。

（2）医学图像诊断。图像语义分割可以辅助放射医生进行分析，帮助医生确定病灶位置，大大减少诊断所需时间。

（3）卫星图像识别、无人机着陆点判断等非常多的领域。

14.3　U-Net 语义分割模型

U-Net 是 2015 年诞生的模型（由 Olaf Ronneberger，Philipp Fischer，Thomas Brox 在论文 *U-Net: Convolutional Networks for Biomedical Image Segmentation* 中提出），它是当前语义分割项目中应用最广泛的模型之一。U-Net 能从更少的训练图像中进行学习，特别是在生物医学数据集上训练时，即使很少的训练图片，U-Net 也能获得相当不错的分割效果。因此，U-Net 已经成为完成医疗影像语义分割任务的最基础的网络结构。同时 U-Net 也启发了大量研究者去思考 U 形语义分割网络。即使在自然影像理解方面，也有越来越多的语义分割和目标检测模型开始关注和使用 U 形结构。U-Net 模型结构如图 14-8 所示。

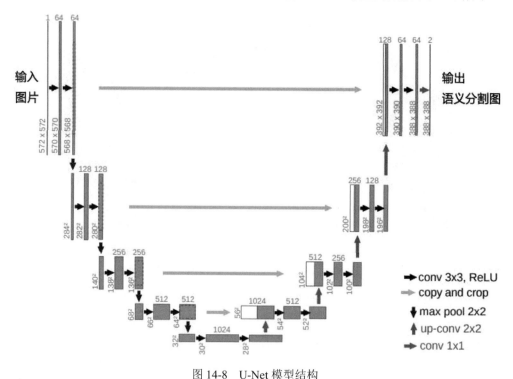

图 14-8　U-Net 模型结构

　　U-Net 模型非常简单，前半部分由卷积层和池化层组成，作用是特征提取；后半部分由卷积层和反卷积层组成，作用是上采样。在一些文献中也把这样的结构叫作编码器-解码器结构。由于 U-Net 整体结构形似英文字母 U，故得名 U-Net。

　　U-Net 模型最重要的特点是 U 形结构和跳跃连接（skip connection，即图 14-8 所示结构图中 U 形结构中间的横向箭头）。U-Net 的左侧是特征提取部分；右侧是上采样部分。左侧特征提取部分中每个 pooling 层前，输出值会跳跃连接到对应的上采样层的输出值中。这种跳跃连接的目的是实现特征融合，特征融合对于语义分割非常重要。如果人类要判断一张图片中某个点属于哪一类，不仅要关注这个点所在位置，还要关注图片整体上都有哪些类，这样才能判断某一个像素点所属的类别。程序中的特征融合也起到这样的作用，它可以帮助模型同时使用全局特征和局部特征来对某一点的类别做出判断。

　　在特征融合的具体实现上，U-Net 与上面提到过的 FCN 网络有一点非常不同的地方，U-Net 采用了拼接（torch.concat）的方式进行特征融合，即将特征沿着通道维度拼接在一起的方式，形成更厚的特征。而 FCN 网络在处理特征融合时使用的是对应点相加（torch.add）的方式，并不形成更厚的特征。

　　U-Net 模型结构有几个值得关注的鲜明特点。

☑　上采样部分会融合特征提取部分的输出，这样做实际上是将多尺度特征融合在了一起。以最后一个上采样为例，它的特征既来自第一个卷积 Block 的输出（小尺度特征），也来自上采样的输出（大尺度特征）。为什么说第一个卷积 Block 输出的特征是小尺度特征？这是因为靠近图像输入部分的卷积层，由于没有池化层对图像的缩放，卷积核所能扫描的区域或卷积核的视野仅仅是卷积核的大小，即 3×3 或 5×5 等，这时卷积核所能提取的特征是一些细小的、类似纹理的特征；而对于靠近输出部分的卷积层，它所提取的特征是更关注对象整体、更加抽象的特征，即大尺度特征。

☑　特征提取部分通过使用卷积层和池化层，使得图像越来越小、厚度越来越大。在上采样部分就需要放大图像，放大图像使用的是反卷积（torch.nn. ConvTranspose2d）。

☑　U-Net 论文中没有全连接层（Linear 层），且全程使用 valid 来进行卷积，这样可以保证分割的结果都是基于没有缺失的上下文特征得到的，因此输入输出的图像尺寸不一样，论文中使用 overlap-strategy 来进行无缝的图像输出，这里不做介绍。为了简单，本书中将使用 padding 确保卷积不改变图像大小，创建的模型相对简单。

☑ 论文中细胞分割的一个难点在于将相同类别且互相接触的细胞分开，因此作者提出了 weighted loss，也就是赋予相互接触的两个细胞之间的 background 标签更高的权重，这一点很有借鉴意义。在本书的例子中，在一个猫身体、边缘、背景组成的分割图中，边缘部分相对占比较少，如果希望边缘部分能够正确地分辨出来，可以考虑增大其在损失函数中的权重。

以上是对 U-Net 模型结构的分析，下面创建 U-Net 模型对第 13 章所用到的 The Oxford-IIIT Pet Dataset 做语义分割。The Oxford-IIIT Pet Dataset 对所有图像都有一个像素级语义分割标注。标注均放在数据集 annotations\trimaps 文件夹下，是文件名与对应图像相同的 PNG 格式文件。如果直接预览会发现，它们都是如图 14-9 所示的黑色的图片。

图 14-9 The Oxford-IIIT Pet Dataset 语义分割标注

图 14-9 中图片看上去都是黑色的，这是因为语义分割图像的每一个像素点取值都是分类类别，这里标注图像像素取值均为 1、2 或 3 这样的类别值，所以图片看上去就是黑色了。

14.4 创建输入 dataset

在创建输入 dataset 之前，首先导入所需的库，然后读取一张图片及语义分割图并绘图查看，代码如下。

```python
import torch
import torch.nn as nn
import torch.nn.functional as F
from torch.utils import data
import torchvision
from torchvision import transforms

import numpy as np
import matplotlib.pyplot as plt
import os
```

```
import glob
from PIL import Image

print(torch.__version__)                # 输出 1.11.0
```

下面可视化其中一张图片和对应的语义分割标注图像，代码如下。

```
plt.figure(figsize=(12, 8))
label_img = Image.open(r'dataset\annotations\trimaps\Abyssinian_100.png')
label_np_img = np.array(label_img)
img = Image.open(r'dataset\images\Abyssinian_100.jpg')
np_img = np.array(img)
plt.subplot(1, 2, 1)
plt.imshow(np_img)
plt.subplot(1, 2, 2)
plt.imshow(label_np_img)
plt.show()
```

显示图像如图 14-10 所示。

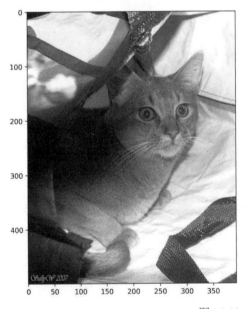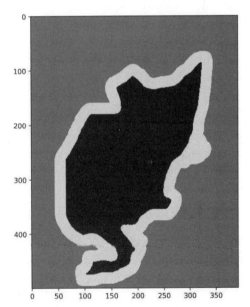

图 14-10　读取示例

接下来输出图像大小，并查看语义分割图的取值都有哪些，代码如下。

```
print(np_img.shape)                     # 输出(500, 394, 3)
print(label_np_img.shape)               # 输出(500, 394)
```

```
# 输出 label_np_img 中的所有唯一值
print(np.unique(label_np_img))        # 输出 array([1, 2, 3], dtype=uint8)
```

从以上代码可以得知，图像大小并不是一样的，这就需要在创建 dataset 时处理此问题。另一个需要处理的问题是语义分割图的取值。上面输出了语义分割图中所有的唯一值，会发现输出的是 1，2，3，这代表 3 种类别。但是读者要特别注意的是，在做分类时，对于类别的编码都是从 0 开始的，因此需要将语义分割图的取值减去 1，这样 3 个类别的编码才能变成 0，1，2。

下面获取图片对应语义分割图的路径，并分割训练数据和测试数据。这里因为语义分割图名称与原图一样，只不过路径在 annotations/trimaps 下，后缀变为 png，使用列表推导式直接从图片路径构造语义分割图路径，这样做可以确保图像与语义分割图是一一对应的。

```
images = glob.glob('dataset/images/*.jpg')
annotations = [os.path.join('dataset/annotations/trimaps',
                    img_name.split('\\')[-1].replace('jpg', 'png'))
        for img_name in images]

np.random.seed(2022)
index = np.random.permutation(len(images))
images = np.array(images)[index]
annotations = np.array(annotations)[index]

sep = int(len(images)*0.8)
train_images = images[ :sep]
train_labels = annotations[ :sep]
test_images = images[sep: ]
test_labels = annotations[sep: ]
```

接下来定义 transform 并创建 dataset 类。要特别强调的是，对于语义分割图不能使用 transforms.ToTensor()这样的方法，因为此方法会做归一化，将标签图像取值进行修改。下面代码中对于标签图像仅使用了 Image 对象的 resize()方法修改其大小，使用 torch.tensor()方法转换为张量类型。

```
transform = transforms.Compose([
                    transforms.Resize((256, 256)),
                    transforms.ToTensor()])

class Oxford_dataset(data.Dataset):
    def __init__(self, img_paths, anno_paths):
        self.imgs = img_paths
```

```
        self.annos = anno_paths

    def __getitem__(self, index):
        img = self.imgs[index]
        anno = self.annos[index]
        pil_img = Image.open(img)
        pil_img = pil_img.convert("RGB")
        img_tensor = transform(pil_img)
        pil_anno = Image.open(anno)                    # 读取语义分割图
        pil_anno = pil_anno.resize((256, 256))         # 调整图像大小
        anno_tensor = torch.tensor(np.array(pil_anno), dtype=torch.int64)
        # 语义分割图取值要减去 1
        return img_tensor, torch.squeeze(anno_tensor)-1

    def __len__(self):
        return len(self.imgs)
```

最后创建 dataloader 并绘图查看。

```
BATCH_SIZE = 8
train_dataset = Oxford_dataset(train_images, train_labels)
test_dataset = Oxford_dataset(test_images, test_labels)
train_dl = data.DataLoader(
                    train_dataset,
                    batch_size=BATCH_SIZE,
                    shuffle=True
)
test_dl = data.DataLoader(
                    test_dataset,
                    batch_size=BATCH_SIZE,
)
imgs_batch, annos_batch = next(iter(train_dl))
img = imgs_batch[0].permute(1,2,0).numpy()
anno = annos_batch[0].numpy()

plt.figure(figsize=(12, 8))
plt.subplot(1, 2, 1)
plt.imshow(img)
plt.subplot(1, 2, 2)
plt.imshow(anno)
plt.show()
```

绘图如图 14-11 所示。

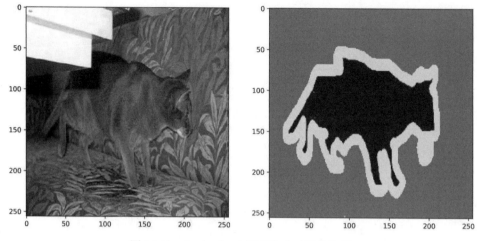

图 14-11　dataloader 中返回的成对图片数据

14.5　反　卷　积

在编写 U-Net 模型代码之前，我们先来看一下放大图像的实现。由于在特征提取部分的卷积过程中，特征图像变得很小（如长宽变为原图像的 1/32）。为了得到与原图像同样大小的稠密像素预测，需要进行上采样。所谓上采样，与池化层将图像缩小相反，上采样可以放大图像。在 U-Net 结构中，右侧部分是上采样部分，其中使用了反卷积（torch.nn.ConvTranspose2d）来实现图像的放大，当然，图像放大的实现不仅可使用反卷积，还可使用反池化或者插值法（torch.nn.Upsample）。反池化和插值法是不需要训练的，直接采用一些规则，如复制像素、插入像素均值等来实现图像放大，这样做的效果并不好。反卷积与这两个方法的不同之处在于通过训练或学习来放大图像。

反卷积又叫转置卷积，可以将它看作输入与输出调换的卷积层，它可将低维特征转换到高维特征，从而实现图像的放大。在 PyTorch 中，可直接使用 torch.nn.ConvTranspose2d 来实现反卷积。在卷积层中有跨度（stride）这个参数，一旦我们在卷积层中设置了此参数，如设置 stride=2，那么得到的图像高和宽将被缩小为原来的大约 1/2；如果在反卷积层中使用了此参数，将会产生相反的结果，图像将被放大为原来的 2 倍。反卷积的其他参数（除 padding 外）与卷积类似。关于反卷积的实现，推荐读者参考 https://github.com/vdumoulin/conv_arithmetic/blob/master/README.md。

14.6　U-Net 模型代码实现

下面根据 U-Net 模型结构编写 U-Net 模型代码，本书为了方便读者理解和编写代码，没有完全按照 U-Net 论文使用非填充的卷积层，因为这样会导致经过卷积层后的图像缩小一点，在 U-Net 结构图中可以看到这一点，我们会对图像进行填充，确保经过卷积层后图像的大小不变，模型中图像的缩小使用池化层来实现。这样做，在特征提取部分和上采样对应部分的图像大小会完全一致，在做特征融合时非常方便。

在编写代码之前，有必要重新审视 U-Net 模型的结构，可以发现其中重复出现的模块，将这些模块单独编码，从而实现代码的复用，这样就可以确保编写出来的代码足够简洁清晰。首先来看 U-Net 特征提取部分，如图 14-12 所示。

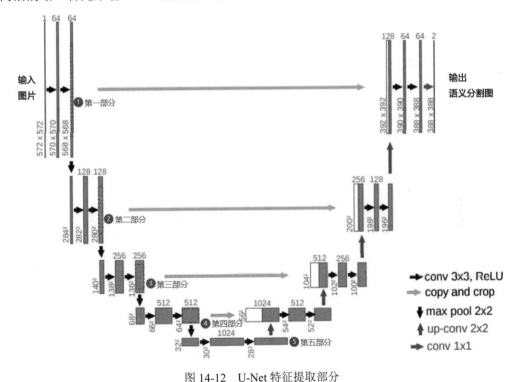

图 14-12　U-Net 特征提取部分

U-Net 特征提取部分从整体上看有 5 个小部分，除第一部分是 2 个卷积层外，其余第二到第五部分都是 1 个池化层和 2 个卷积层。很明显，它们的结构非常类似，观察每一部分的 2 个卷积层会发现，2 个卷积层所使用的卷积核个数也是一样的。这样的话，可以编写一个下采样子模块（Downsample），这个子模块包含 1 个池化层和 2 个卷积层，为了第一部分也能使用此模块，将池化层设置为是可选的，这样左侧特征提取的 5 个部分全部可以调用这个模块实现。下面先来编写 Downsample，代码如下。

```python
class Downsample(nn.Module):
    def __init__(self, in_channels, out_channels):
        super(Downsample, self).__init__()
        self.conv_relu = nn.Sequential(
                          nn.Conv2d(in_channels, out_channels,
                                    kernel_size=3, padding=1),
                          nn.ReLU(inplace=True),
                          nn.Conv2d(out_channels, out_channels,
                                    kernel_size=3, padding=1),
                          nn.ReLU(inplace=True)
        )
        self.pool = nn.MaxPool2d(kernel_size=2)

    # 通过 is_pool 参数设置前向传播中是否使用池化层
    def forward(self, x, is_pool=True):
        if is_pool:
            x = self.pool(x)
        x = self.conv_relu(x)
        return x
```

Downsample 的主体是 nn.Sequential 封装的两个卷积层，这两个卷积层的 out_channels 参数是一样的，这一点参考了模型结构图。卷积层中 kernel_size 参数为 3，为了使卷积后的图像与原图大小一致，设置 padding=1；激活函数中的 inplace=True 参数表示直接将卷积层应用激活，而不是在内存中为激活的结果重新开辟区域保存，这样做有利于提高内存的使用效率。在 forward 方法中使用 is_pool 参数设置前向传播中是否使用池化层。这样下采样模块就编写好了，然后我们再来看上采样模块，再次观察 U-Net 模型结构的上采样部分，如图 14-13 所示。

在图 14-13 中，向上的箭头表示反卷积层。此模块中，首先是 1 个单独的上采样层，然后就是 3 个相同的上采样子模块，其中包含 1 个反卷积层和 2 个卷积层，反卷积层实现了图像的上采样放大，同时也将通道特征数减半；在 2 个卷积层中，第一个卷积层输入的是合并后的特征，它也会将通道特征数减半，第二个卷积层中输入与输出的通道不变。基于以上这些分析，先来编写上采样子模块（Upsample，1 个反卷积层+2 个卷积层），代码如下。

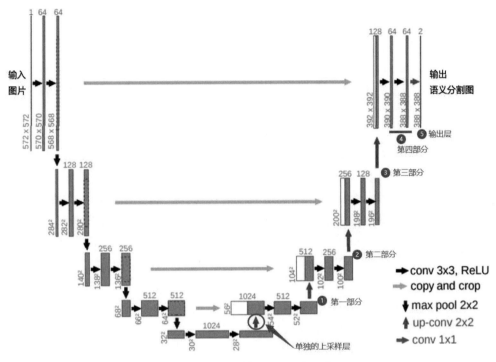

图 14-13　U-Net 模型结构的上采样部分

```
class Upsample(nn.Module):
    def __init__(self, channels):
        super(Upsample, self).__init__()
        self.conv_relu = nn.Sequential(
                            nn.Conv2d(2*channels, channels,
                                    kernel_size=3, padding=1),
                            nn.ReLU(inplace=True),
                            nn.Conv2d(channels, channels,
                                    kernel_size=3, padding=1),
                            nn.ReLU(inplace=True)
        )
        self.upconv_relu = nn.Sequential(
                            nn.ConvTranspose2d(channels,
                                    channels//2,
                                    kernel_size=3,
                                    stride=2,
                                    padding=1,
```

```
                                        output_padding=1),
                        nn.ReLU(inplace=True)
    )

def forward(self, x):
    x = self.conv_relu(x)
    x = self.upconv_relu(x)
    return x
```

Upsample 模块的代码中，将 2 个卷积层使用 nn.Sequential 封装为一个 conv_relu 模块，然后定义了 upconv_relu 反卷积层，反卷积层通过设置 stride=2 参数放大图像，并通过设置 padding=1 和 output_padding=1 参数确保放大后的图像正好为原来的两倍。

图 14-13 中，第四部分是 2 个卷积层，可以直接调用 Downsample（设置 is_pool 为 False）来实现。模型的最后是输出层，使用了一个普通的卷积层，与图 14-13 中最后输出的通道为 2 不同，由于处理的是三分类问题，所以模型最后输出的通道为 3。

下面使用已经编写好的 Downsample 和 Upsample，根据 U-Net 模型结构编写 U-Net 模型的代码实现。

```
class Unet_model(nn.Module):
    def __init__(self):
        super(Net, self).__init__()
        self.down1 = Downsample(3, 64)
        self.down2 = Downsample(64, 128)
        self.down3 = Downsample(128, 256)
        self.down4 = Downsample(256, 512)
        self.down5 = Downsample(512, 1024)
        # 下面初始化上采样部分所需各层，首先初始化独立的上采样层
        self.up = nn.Sequential(
                        nn.ConvTranspose2d(1024,
                                            512,
                                            kernel_size=3,
                                            stride=2,
                                            padding=1,
                                            output_padding=1),
                        nn.ReLU(inplace=True)
        )
        self.up1 = Upsample(512)
        self.up2 = Upsample(256)
        self.up3 = Upsample(128)
        self.conv_2 = Downsample(128, 64)
```

```
    # 初始化输出层
    self.last = nn.Conv2d(64, 3, kernel_size=1)

def forward(self, x):
    x1 = self.down1(x,is_pool=False) # 下采样第一部分，无池化层
    x2 = self.down2(x1)              # 下采样第二部分
    x3 = self.down3(x2)              # 下采样第三部分
    x4 = self.down4(x3)              # 下采样第四部分
    x5 = self.down5(x4)              # 下采样第五部分
    x5 = self.up(x5)                 # 上采样中单独的上采样层
    x5 = torch.cat([x4, x5], dim=1)  # 特征融合，输出形状：32×32×1024
    x5 = self.up1(x5)                # 上采样第一部分，输出形状：64×64×256
    x5 = torch.cat([x3, x5], dim=1)  # 特征融合，输出形状：64×64×512
    x5 = self.up2(x5)                # 上采样第二部分，输出形状：128×128×128
    x5 = torch.cat([x2, x5], dim=1)  # 特征融合，输出形状：128×128×256
    x5 = self.up3(x5)                # 上采样第三部分，输出形状：256×256×64
    x5 = torch.cat([x1, x5], dim=1)  # 特征融合，输出形状：256×256×128
    x5 = self.conv_2(x5, is_pool=False) # 上采样第四部分，形状：256×256×64
    x5 = self.last(x5)               # 输出层，输出形状：256×256×3
    return x5
```

上述模型代码中，在初始化部分将所需的各层全部做了初始化，包含 5 个下采样子模块、1 个上采样中单独的上采样层、3 个上采样子模块、上采样第四部分（使用去掉池化层的 Downsample）和输出层。在前向传播部分（forward 方法）中，依次调用这些层并添加特征融合。读者可结合 U-Net 模型结构和代码的注释去理解模型代码。

然后就是初始化模型、优化器和损失函数，图像语义分割是针对每一个像素的分类问题，所以损失函数使用 nn.CrossEntropyLoss()，代码如下。

```
device = "cuda" if torch.cuda.is_available() else "cpu"
print("Using {} device".format(device))
model = Unet_model().to(device)
loss_fn = nn.CrossEntropyLoss()
optimizer = torch.optim.Adam(model.parameters(),lr=0.0005) # 学习速率 0.0005
```

14.7 模 型 训 练

本章最后要讲解的是模型训练部分，它与前面讲过的训练代码基本一致，不同之处在于，输入和输出均是 256×256×3 的形状，虽然输入和输出的形状一样，但是含义是不

同的。输入的 256×256×3 表示一张彩色图像，而输出的 256×256×3，其中的通道为 3 表示的是三分类的输出结果。我们前面学习了分类问题，已经知道预测 C 分类，就输出一个 C 分类的向量，其中哪个位置取值最大，代表预测这一类的概率最大。

训练代码中的 size = len(dataloader.dataset) 计算出的 size 是图片的数量，实际预测的样本点要乘以每张图片的像素点数（256×256）。所以，为了计算所有像素点的平均正确率，在计算正确率时，correct（代表总预测对的像素个数）要除以 size×256×256，这是与前面训练代码的一个重要的差别，代码如下。

```python
# 定义训练函数
def train(dataloader):
    size = len(dataloader.dataset)
    num_batches = len(dataloader)
    train_loss, correct = 0, 0
    model.train()
    for X, y in dataloader:
        X, y = X.to(device), y.type(torch.long).to(device)
        # 计算预测误差
        pred = model(X)
        loss = loss_fn(pred, y)
        # 反向传播
        optimizer.zero_grad()
        loss.backward()
        optimizer.step()
        with torch.no_grad():
            pred = torch.argmax(pred, dim=1)
            # 汇总预测正确的像素个数
            correct += (pred == y).type(torch.float).sum().item()
            train_loss += loss.item()
    train_loss /= num_batches
    correct /= size*256*256      # 除以总的样本数，每张图片有 256×256 个像素
    return train_loss, correct

# 定义测试函数
def test(dataloader):
    size = len(dataloader.dataset)
    num_batches = len(dataloader)
    model.eval()                 # 设置为预测模型
    test_loss, correct = 0, 0
    with torch.no_grad():
        for X, y in dataloader:
```

```
            X, y = X.to(device), y.type(torch.long).to(device)
            pred = model(X)
            test_loss += loss_fn(pred, y).item()
            pred = torch.argmax(pred, dim=1)
            correct += (pred == y).type(torch.float).sum().item()
    test_loss /= num_batches
    correct /= size*256*256
    return test_loss, correct

# 汇总所有步骤，执行训练和测试的 fit 函数
def fit(epochs, train_dl, test_dl):
    train_loss = []
    train_acc = []
    test_loss = []
    test_acc = []

    for epoch in range(epochs):
        epoch_loss, epoch_acc = train(train_dl)
        epoch_test_loss, epoch_test_acc = test(test_dl)
        train_loss.append(epoch_loss)
        train_acc.append(epoch_acc)
        test_loss.append(epoch_test_loss)
        test_acc.append(epoch_test_acc)
        template = ("epoch:{:2d}, train_loss: {:.5f}, train_acc: {:.1f}% , "
                    "test_loss: {:.5f}, test_acc: {:.1f}%")
        print(template.format(
                epoch, epoch_loss, epoch_acc*100,
                epoch_test_loss, epoch_test_acc*100))

    print("Done!"),

    return train_loss, test_loss, train_acc, test_acc
```

训练 40 个 epoch，将看到最后有类似如下的训练输出。

```
...
epoch:35, train_loss: 0.11909, train_acc: 95.7%, test_loss: 0.44513,
test_acc: 88.1%
epoch:36, train_loss: 0.13576, train_acc: 95.2%, test_loss: 0.56799,
test_acc: 89.4%
epoch:37, train_loss: 0.10720, train_acc: 96.1%, test_loss: 0.58728,
test_acc: 89.0%
```

```
epoch:38, train_loss: 0.14069, train_acc: 95.1%, test_loss: 0.50719,
test_acc: 89.2%
epoch:39, train_loss: 0.11813, train_acc: 95.7%, test_loss: 0.58973,
test_acc: 89.2%
Done!
```

从这个训练结果看，模型在验证数据集上最后的正确率大约为 89.2%，而训练集上的正确率大约为 96%，说明模型出现了过拟合。如果要抑制过拟合，读者可自行尝试使用数据增强或者在特征提取部分的最后几层添加 Dropout 的方法处理，这里不再专门演示。

14.8 模型的保存和预测

模型训练好后，需要将模型权重保存，然后在测试数据集上查看模型的预测情况。首先初始化新的模型并恢复权重，然后预测并同时绘制原图、标注的语义分割图和模型预测的语义分割图，通过这样的可视化可以很直观地了解模型的预测能力。

```
PATH = 'unet_model.pth'          # 保存到当前目录下的 unet_model.pth 文件
torch.save(model.state_dict(), PATH)
```

当需要预测时，可恢复模型权重，并在测试集上预测。

```
my_model = Unet_model()          # 初始化一个新的模型
PATH = 'unet_model.pth'
my_model.load_state_dict(torch.load(PATH))     # 恢复模型权重
# 下面在测试数据集上进行预测
num = 3                          # 预测 3 张图片
image, mask = next(iter(test_dl))# 得到一个批次的图片和对应的语义分割标注图
pred_mask = my_model(image)      # 调用模型进行预测，这里注意全部是在 cpu 上执行的
plt.figure(figsize=(10, 10))
for i in range(num):
    plt.subplot(num, 3, i*num+1)
    plt.title('The Image')
    # 绘制原图
    plt.imshow(image[i].permute(1,2,0).cpu().numpy())
    plt.subplot(num, 3, i*num+2)
    plt.title('The annotation')
    # 绘制标注的语义分割图
    plt.imshow(mask[i].cpu().numpy())
    plt.subplot(num, 3, i*num+3)
```

```
plt.title('The prediction')
# 绘制模型预测的语义分割图
plt.imshow(torch.squeeze(pred_mask[i].argmax(0)).detach().numpy())
plt.show()
```

绘图如图 14-14 所示。

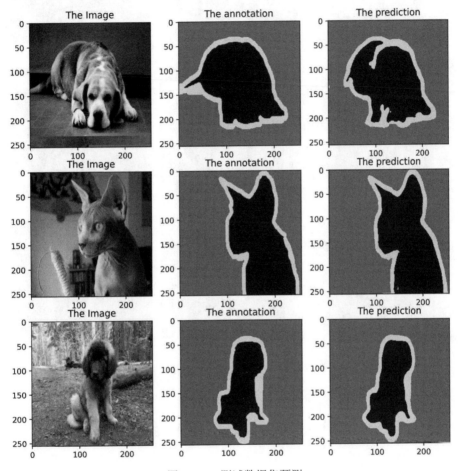

图 14-14　测试数据集预测

观察图 14-14 中的标注图和预测图可以看到，模型基本可以正确地将图像进行语义分割，当然也有一些错误，如第一张图中对边缘的预测有比较明显的错误。上面的训练结果显示了模型有过拟合，对于训练数据集的预测正确率接近 96%，也可以绘图查看模型在训练数据上的预测效果，如图 14-15 所示。

可以看到对于训练数据集，模型基本可以正确地预测语义分割图。

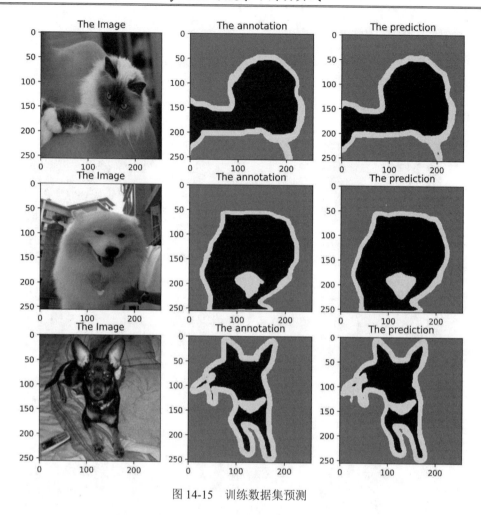

图 14-15   训练数据集预测

14.9   本 章 小 结

本章重点讲解了图像语义分割的概念、U-Net 模型结构以及代码实现。图像语义分割是计算机视觉应用的重要领域,还有很多相关的模型,读者可自行了解。本章演示的 U-Net 模型对于读者了解语义分割、PyTorch 编程都会很有帮助,因此要仔细研读。本书的 U-Net 模型没有做进一步的优化,针对过拟合问题读者可使用数据增强等技巧。另外,读者如果仔细观察语义分割图会发现,边缘部分的占比相对较少,当出现边缘预测错误时,可尝试给边缘这个类别增加损失权重，提高对边缘部分的学习权重。简单的权重添加可直接使用 nn.CrossEntropyLoss()损失函数中的 weight 参数，如将身体部分、背景、边缘的权重分别设置为(2, 1, 3)，修改损失函数代码为如下形式。

```
weight = torch.tensor([2, 1, 3], dtype=torch.float32)  # 定义权重
weight = weight.to(device)                    # 将权重参数上传到当前 device
loss_fn = nn.CrossEntropyLoss(weight=weight)    # 损失函数添加权重参数
```

其他代码不做变化，训练就交给读者自行练习了。

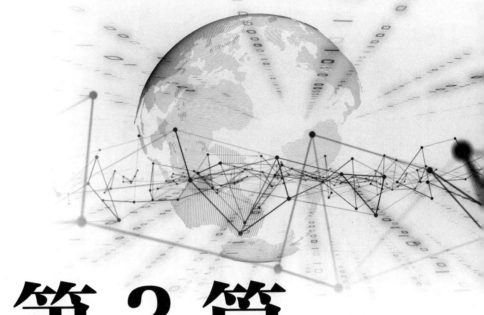

第 3 篇

自然语言处理和序列篇

15 chapter

第 15 章
文本分类与词嵌入

本书前面部分关注的是计算机视觉问题，如图像分类、图像语义分割等。现实世界中很多问题是由序列构成的，如一段话的理解、天气的变化等。一段话可以看作是由文字组成的序列，文字的顺序会影响人们对这段话的理解；再如股票，它是按时间组成的序列，当我们试图预测其走势时，要考虑序列之前的走势情况。从本章开始我们将关注文本分类与词嵌入的内容，这也将为第 16 章内容的学习奠定基础。

15.1　文本的数值表示

文本是最常见的序列，文本的情感分类、文本问答、文本翻译等是常见的文本处理需求。当我们尝试使用计算机解决文本问题时，首先遇到的困难就是文本的数值化表示，因为深度学习模型只能对数值做计算，不能直接计算文本，因此需先将文本用数值或向量表示。文本的数值化或向量化有很多方法，常见的有独热编码、散列编码、TF-IDF 算法和词嵌入等。

独热编码经常用在对分类标签的处理上，如用[1,0,0]表示猫；用[0,1,0]表示狗，用[0,0,1]表示牛。独热编码的特点是需要创建一个与文本中所有出现词数长度一致的向量，当某一个词出现时，此向量中的某一个位置会设置为 1，其余位置全部为 0。这种表示方法在处理大规模文本语料时就不合适了，因为词的数量太大了，表示词的向量将特别长，并且其中绝大部分都是 0，不利于计算和保存，也会带来梯度稀疏问题。

散列编码是指用散列函数（也叫哈希函数）直接对词做散列运算，编码为一个固定长度的向量。这种表示方法可节省内存、避免独热编码带来的梯度稀疏等问题，但是容易产生散列冲突，最关键的是，散列编码会抛弃词与词之间的语义关联，具体来说，例如有"鼠标""计算机""自行车"3 个名词，无论是从语料学习还是常识判断，相比"自行车""鼠标""计算机"是有更强的语义关联的。但是散列编码的结果无法体现词语之间的语义关联，对于数值化文本，不考虑词语之间的语义关联显然不是好的解决方案。

文本的数值化在经典机器学习中常用的是 TF-IDF 算法。TF-IDF 是一种统计方法，用以评估一个词对于一个文件集或语料库某个文档的重要程度。词的重要性随着它在文本中出现的次数成正比增加，但同时会随着它在语料库中出现的频率成反比下降。TF-IDF 是一种不错的文本表示方法，常常会结合朴素贝叶斯等算法，在文本分类等问题上可以取得很好的效果。

在深度学习中更常见的文本数值化方法是词嵌入表示。所谓词嵌入，是指用一个稠密向量来表示一个词语，每个词语都映射到一个稠密向量。例如，一段文本语料中的单词被映射到向量空间中，"猫"对应的向量为(0.1, 0.2, 0.3)，"狗"对应的向量为(0.2, 0.2, 0.4)，"手机"对应的向量为(-0.4, -0.5, -0.2)。像这种将文本映射到向量空间的过程叫作词嵌入。

对于各种自然语言处理任务而言，这是一种表示词的强大方式。它可以高效处理大规模文本语料库。相对于独热编码，词嵌入的向量是稠密的而不是包含很多 0 的稀疏向量；相对于散列编码，词嵌入表示可以刻画不同词语之间的语义关联，这也是词嵌入表示的强大之处。词嵌入表示中的语义关联体现在不同词向量之间的距离上，举一个简单的例子，如果用一个三维的向量来表示所有的单词，那么所有的单词就相当于被嵌入一个三维的空间，在这个三维空间中，"猫"和"狗"这两个词之间的距离要比"猫"和"手机"这两个词之间的距离要小，这是因为"猫"和"狗"之间要比"猫"和"手机"之间更有语义关联，这种语义关联体现在两个词向量之间的距离上。词嵌入表示的强大之处在于不仅将词向量化，而且保留了词语之间的语义关联。

在大规模语料上训练好的词嵌入表示可以很精确地反映单词之间的语义关联，如单词"巴黎"与"法国"之间的距离应该等于"华盛顿"与"美国"之间的距离。因为这个距离就是反映了首都和所属国家之间的关联。基于词嵌入的语义关联特点，我们甚至可将其应用到超市物品的推荐上。例如超市中的物品类别是极其繁多的，要根据顾客的购物习惯进行相关物品的摆放和推荐。可以对所有品类进行词嵌入，这样不同品类之间的距离就能反映品类之间的关联，从而根据这种关联做出推荐或者将它们摆放在一起。

那么如何实现词嵌入呢？词嵌入的实现目前主要有 3 种算法，分别为 Word2vec、Glove、Embedding Layer，下面将详细进行讲解。

15.1.1 Word2vec

Word2vec 算法是由 Tomas Mikolov 等人在 *Efficient Estimation of Word Representations in Vector Space* 一文中提出的，它是一种从大规模文本语料库中学习词嵌入表示的统计方法。Word2vec 的核心思想是基于上下文预测中间的词语。在算法中，首先用随机向量代表各个词，然后通过一个预测目标函数学习这些向量的参数。Word2vec 的网络主体是一种单隐层前馈神经网络，网络的输入和输出均为词向量。通过在一个大的语料库训练，得到一个从输入层到隐藏层的权重模型，然后通过模型预测下一个词的概率。通过优化目标函数，最后得到这些词汇向量的值。Word2vec 虽然取得了很好的效果，但模型上仍然存在明显的缺陷，如没有考虑全局的统计信息。

15.1.2 Glove

Glove 算法是对 Word2vec 算法的扩展，它由斯坦福大学 J. Pennington 等人在 2014 年发表的一篇论文 *Glove: Global Vectors for Word Representation* 中提出。Glove 的全称为 Global Vectors for Word Representation，它是一个基于全局词频统计的词表示工具。Glove 是一种有效学习词向量的算法，结合了 LSA 矩阵分解技术的全局统计与 Word2vec 中的基于局部语境学习，可以把一个单词表达成一个由实数组成的向量，这些向量捕捉到了单词之间的一些语义特性，如相似性（similarity）、类比性（analogy）等。通过对向量的运算，如欧几里得距离或余弦（cosine）相似度，可以计算两个单词之间的语义相似性。

15.1.3 Embedding Layer

Embedding Layer 是与特定自然语言处理上的神经网络模型联合学习的词嵌入表示。这是本章将要使用的词嵌入方法，该嵌入方法需要指定词向量空间大小或维度，如 50、100 或 300 维，词向量会以小的随机数进行初始化，并随着神经网络模型的训练优化取值。这一点与前面的 Word2vec 和 Glove 算法是不同的，Embedding Layer 是与特定自然语言处理上的神经网络模型联合学习的，它训练得到的词嵌入表示与使用的训练集和当前模型相关，一般不能直接迁移到其他模型使用；而 Word2vec 和 Glove 算法可以先在大规模文本语料（如维基百科）上训练，然后直接迁移到我们自己的数据集，这也可以看作是文本数据的迁移学习。Embedding Layer 学习词向量的方法需要大量的训练数据，相比直接使用已在大规模语料上训练好的词嵌入表示，嵌入层的学习相对较慢，但是可以学习训练出既针对特定文本数据又针对当前问题的嵌入模型。

PyTorch 中内置了 Embedding Layer，调用代码如下。

```
torch.nn.Embedding()
```

我们可直接通过这行代码来创建一个词嵌入层，其有两个特别重要的参数经常用到，即 num_embeddings 和 embedding_dim。num_embeddings 表示需要做词嵌入表示的词表大小，也就是语料中单词的总数；embedding_dim 表示每一个词向量的大小，也就是每一个单词将被编码为多大的向量，常选 50、100 或 300 等。Embedding Layer 的输入是词表，关于词表的创建稍后将演示。

PyTorch 还提供了 torch.nn.EmbeddingBag()聚合方法，EmbeddingBag 层会对一个序列中文字的 embedding 输出做聚合。聚合的方法有求和、求均值、求最大值等。当输入一个文本序列词表到 EmbeddingBag 层时，这个层会将序列中每一个单词作词嵌入表示，并将所有单词的词嵌入结果根据指定的聚和计算方法计算后作为最后的输出。简单文本分类模型中可使用 EmbeddingBag 层加 Linear 层快速创建文本分类模型。这样的模型创建起来非常便捷，计算效率也很高。当然，这样的做法很显然没有考虑句子中单词的顺序，仅仅将所有单词的词嵌入做了聚合作为文本特征，因此其正确率相比第 16 章讲到的长短期记忆网络等循环神经网络要低一些。

15.2　torchtext 加载内置文本数据集

为了让读者对文本预处理、文本数值化和文本分类问题有直观的印象，我们使用 PyTorch 中 torchtext 加载 IMDB 电影评论数据集，并创建和训练一个能够对电影评论情绪（正面评价、负面评价）进行分类的模型。torchtext 是 PyTorch 项目中专门用来处理文本的库，它提供了很多内置文本数据集，可以很方便地加载使用这些内置的文本数据集，torchtext 还提供了分词和创建词表等文本处理工具，在预处理文本时会经常使用到。

torchtext 库可使用 pip 或者 conda 命令安装，安装命令如下。

```
pip install torchtext torchdata
```

torchtext 在最近的几个版本有较大的变化，本书使用的是编写时最新的 0.12.0 版本，PyTorch 在这个版本中引入了 torchdata 这个测试模块，使用 torchtext 加载内置的数据集需要一并安装此模块。torchdata 是 PyTorch 最新版本引入的一个通用模块化数据加载原语库，用于轻松构建灵活且高性能的数据管道。

内置文本数据集均在 torchtext.datasets 模块下，可用以下代码加载内置的 IMDB 电影评论数据集。

```
train_iter, test_iter = torchtext.datasets.IMDB()
```

加载代码返回 train_iter 和 test_iter 两个可迭代对象，分别是训练数据和测试数据。第一次执行加载数据集，代码会自行从网上下载 IMDB 电影评论数据集，下载的速度与网速有关，下载时耐心等待即可。IMDB 电影评论数据集是一个电影评论数据集，它包含了 50000 条偏向明显的评论，其中有训练集 25000 条，测试集 25000 条。标签分为 pos（positive）和 neg（negative）两个类别。可以使用 iter()方法将返回的数据集创建为生成器，然后使用 next 方法从生成器中取出一条数据。

```
print(next(iter(train_iter)))
('neg',
'I rented …')
```

通过执行 next 方法，生成器会以元组的形式返回一条数据，元组的第一项为标签，这里显示为 neg，说明是负面评价，元组的第二项是评价文本，比较长，其中包含了大小写、标点符号等。

IMDB 数据集比较小，完全可以全部放到内存中，为了使用方便，用列表推导式确认这个数据集的类别都有哪些，代码如下。

```
train_iter, test_iter = torchtext.datasets.IMDB()
# 提取其中的列表标签并创建集合
unique_labels = set([label for (label, text) in train_iter])
print(unique_labels)                          # 输出{'neg', 'pos'}
num_class = len(unique_labels)                # 获取类别数
```

下面开始预处理文本，对文本的处理一般分为以下两个步骤。

（1）分词。

（2）创建词表。

torchtext 分别提供了 get_tokenizer 和 build_vocab_from_iterator 两个工具来实现分词和创建词表，运行以下代码导入这两个工具。

```
from torchtext.data.utils import get_tokenizer          # 导入分词工具
from torchtext.vocab import build_vocab_from_iterator    # 导入创建词表工具
```

以上代码中先使用 get_tokenizer 来对文本做分词。这里要提示读者的是，有很多的分词工具和分词方法可以使用，这里仅仅演示 torchtext 内置的 get_tokenizer 方法，该方法对英文的处理默认是使用空格做 split，使用前需要先初始化，然后就可以在一句英文上调用获取分词结果。

```
tokenizer = get_tokenizer('basic_english')        # 初始化分词工具
print(tokenizer('This is a book about PyTorch.'))
                                              # 在语句上调用并打印分词结果
```

上面代码调用 tokenizer 实例，并使用 "This is a book about PyTorch." 这句英文作为输入参数，代码执行后将看到以列表形式返回分词后的结果：['this', 'is', 'a', 'book', 'about', 'pytorch', '.']，观察这个分词结果不难发现，tokenizer 不仅做了分词，它还将大写字母全部转为小写，并将标点符号作了分割。这是很方便的功能，节省了我们很多预处理文本的代码。

然后来看词表的创建。所谓词表，就是将每一个单词或词语编码为一个索引，索引的取值是 0、1、2、3…等形式的整数。经过这样的编码，就可以以整数值来表示每一个单词或词语。而嵌入层所需输入就是转换为索引的文本。不仅如此，当我们在做文本生成时，生成文本的本质就是从所有的单词中不断地去选择下一个单词，也就是说文本生成本质上是分类问题，这样的话，只要预测文本索引（也可以认为是类别编码），就可以根据已经创建好的词表转换为具体的文本。

创建词表工具的 build_vocab_from_iterator() 方法中的参数是生成器，生成器返回的结果为分词后的文本列表。build_vocab_from_iterator() 方法有两个比较重要的参数，一个是 specials，这个参数需要用列表的形式列出特殊字符。在文本处理中，测试时难免会遇到不认识的单词，一般会将其标记为 unknown，即一个特殊字符，创建词表过程中需要词表包含这个特殊字符；另外一个常见的特殊字符是填充字符，常写作 pad，在对文本的批量训练中，不同文本评论的长度不同。在一个训练批次中需要不同长度的评论填充到同样的长度，这就需要用到填充字符，可以使用 pad 来标记，大部分时候填充标识符在词表中用 0 表示，即 pad 一般对应词表的索引值为 0。另一个需要注意的参数是 min_freq，这个参数是整数类型，它表示最小出现次数，也就是在整个的语料中，如果某个单词出现次数小于 min_freq，可认为这是一个特别生僻的单词，它对于理解文本几乎没有用处，可以将其删除。这样可以帮助我们清理掉很多生僻词、拼写错误词语，减小整个词表的大小。

下面创建一个可生成分词结果的生成器，并使用此生成器创建词表 vocab，使用 len(vocab) 方法可得到创建好的词表的大小。

```
# 定义一个生成器，生成器会返回分词后的文本
```

```
def yield_tokens(data):
    for _, text in data:
        yield tokenizer(text)
# 创建词表
vocab = build_vocab_from_iterator(yield_tokens(train_data),
                                  specials=["<pad>", "<unk>"],
                                  min_freq=5)
print(len(vocab))
```

代码中编写了一个返回分词列表的生成器，并使用生成器创建了词表 vocab，这里设置 min-dreq 为 5，将整个语料中出现次数少于 5 的单词忽略；我们将<pad>和<unk>作为特殊字符，<pad>在前，它将被编码为 0，而<unk>将在词表中编码为 1，其他的单词将被编码为后面的数值。现在有一个问题，如果遇到不认识的单词，词表会返回哪一个呢？可以通过下面代码明确这一点。

```
vocab.set_default_index(vocab["<unk>"])          # 设置 unk 为默认字符
```

以上代码中设置 unk 为默认字符，当遇到不认识的单词时，词表将返回 unk 的编码。下面调用创建好的 vocab 词表工具，代码如下。

```
# 调用 vocab 工具，将返回类似[14, 10, 6, 276, 50, 1, 3]结果
print(vocab(['this', 'is', 'a', 'book', 'about', 'pytorch', '.']))
```

词表工具将列表中的文本转换为数值，其中 pytorch 这个单词对应的数值为 1，这是因为 IMDB 语料中并没有 pytorch 这个单词，词表就返回了 unk 对应的编码 1。

下面使用分词工具和词表工具创建一个文本处理函数 text_pipline，同时创建一个将标签转换为类别编码的函数 label_pipeline。

```
text_pipeline = lambda x: vocab(tokenizer(x))
label_pipeline = lambda x: int(x == 'pos')          # pos 标签为 1, neg 为 0
```

调用这两个函数可直接得到预处理后的文本和标签。

```
text_pipeline('This is a book about PyTorch.')    # 返回[14,10,6,276,50,1,3]
print(label_pipeline('pos'))                        # 返回 1
```

15.3　创建 DataLoader 和文本分类模型

torchtext.datasets.IMDB()方法返回的 train_iter 和 test_iter 是可迭代的对象，可以使用 torchtext.data.functional 模块下 to_map_style_dataset()方法将其创建为 Dataset 类，代码如下。

```
from torchtext.data.functional import to_map_style_dataset
train_dataset = to_map_style_dataset(train_iter)    # 创建训练 Dataset
test_dataset = to_map_style_dataset(test_iter)      # 创建测试 Dataset
```

在初始化 DataLoader 类前，我们先来看一下即将编写的简单文本模型以及模型需要的数据形式。本章将使用 EmbeddingBag 层对文本做词嵌入聚合，这个层会对每一条评论中的文本单词做 embedding 词嵌入，并使用默认模式"mean"计算 embedding 的平均值，最后输出一个聚合结果。在这一层基础上添加分类器即可快速创建一个文本分类模型。简单文本分类模型如图 15-1 所示（此图来自 PyTorch 官方文档，网址为 https://pytorch. org/tutorials/beginner/text_sentiment_ngrams_tutorial.html）。

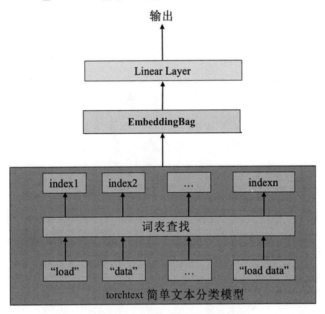

图 15-1　简单文本分类模型

图 15-1 中的词表查找中的词表就是前面已经创建好的 vocab，它会将每一个单词对应到一个索引，这一步是在预处理阶段完成的。深度学习训练是小批量数据同时训练的，本例数据集中每一条评论的长度并不统一，但是我们并不需要填充并创建批次，由于使用了 EmbeddingBag 层，可以将一个批次中全部文本创建为一个序列，然后告诉 EmbeddingBag 层每一条评论的偏移值（也就是每一条评论相对开始所在位置）即可。这样做可显著提高文本处理的效率。只需将每一个批次的文本整合为一条长的文本序列，并记录其中每一条评论的偏移值。

torch.utils.data.DataLoader 类中有一个 collate_fn 参数，该参数接收一个函数，此函数

可对每个批次的数据做处理，因此可以定义一个批次处理函数，并将它交给 collate_fn。
这个批次处理函数中需要做的就是对文本的预处理、记录偏移量、转换标签。代码如下。

```python
from torch.utils.data import DataLoader
device = torch.device('cuda' if torch.cuda.is_available() else 'cpu')
# 批次处理函数
def collate_batch(batch):
    label_list, text_list, offsets = [], [], [0]
    for (_label, _text) in batch:
        label_list.append(label_pipeline(_label))
        precess_text = torch.tensor(text_pipeline(_text),
dtype=torch.int64)
        text_list.append(precess_text)
        offsets.append(precess_text.size(0))
    label_list = torch.tensor(label_list)
    text_list = torch.cat(text_list)
    offsets = torch.tensor(offsets[:-1]).cumsum(dim=0)
    return label_list.to(device),text_list.to(device),offsets.to(device)
```

上面代码创建了批次处理函数 collate_batch，函数中首先初始化 3 个列表，用来记录
一个批次数据中的标签、文本内容和每一条文本的偏移值。当然，第一条文本的偏移值
肯定是 0，所以 offsets 偏移值列表中添加了一个元素 0。然后对本批次的数据迭代，将标
签和文本依次追加到列表中，将每一条文本的长度记录到 offsets 偏移值列表中。循环完
成后，对于文本列表中的多条文本使用 torch.cat()方法合并为一条文本；offsets 偏移值列
表在转为张量后，使用 cumsum()方法做累加运算，就得到了每一条评论的偏移值，最后
一个偏移值用不到，这里用切片切掉。然后就可以创建 DataLoader 了，代码如下。

```python
BATCHSIZE = 64
train_dataloader = DataLoader(train_dataset,
                              batch_size=BATCHSIZE,
                              shuffle=True,
                              collate_fn=collate_batch)
test_dataloader = DataLoader(test_dataset,
                             batch_size=BATCHSIZE,
                             shuffle=True,
                             collate_fn=collate_batch)
```

根据上面的模型图创建模型，代码如下。

```python
vocab_size = len(vocab)              # 获取词表大小
embedding_dim = 100                  # 定义词嵌入向量大小
```

```
class TextClassificationModel(nn.Module):

    def __init__(self, vocab_size, embed_dim, num_class):
        super(TextClassificationModel, self).__init__()
        self.embedding = nn.EmbeddingBag(vocab_size, embed_dim,
                                         sparse=True)
        self.fc = nn.Linear(embed_dim, num_class)
        self.init_weights()

    def init_weights(self):
        initrange = 0.5
        self.embedding.weight.data.uniform_(-initrange, initrange)
        self.fc.weight.data.uniform_(-initrange, initrange)
        self.fc.bias.data.zero_()

    def forward(self, text, offsets):
        embedded = self.embedding(text, offsets)
        return self.fc(embedded)
```

这个模型比较简单，仅包含两个层：一个是 EmbeddingBag 层，另一个是 Linear 层。该模型相比之前创建的模型，不同之处在于定义了模型参数的初始化。前面定义过的模型均使用了框架默认的参数初始化方法，深度学习中模型权重初始化对于模型训练和最后的结果影响很大，一个良好的初始化权重可以加快梯度下降的速度，避免模型进入局部极值点。针对网络训练的过程中容易出现梯度消失（梯度特别接近 0）和梯度爆炸（梯度特别大）的情况，一个好的初始化权重会使网络中梯度更加稳定，所以良好的权重初始化对模型而言是非常重要的。目前常用的权重初始化方法有 Xavier 和 kaiming 两种，下面详细进行讲解。

15.3.1　Xavier 初始化方法

Xavier 是 X. Glorot 等人于 2010 年在 *Understanding the difficulty of training deep feedforward neural networks* 论文中描述的方法。X. Glorot 认为优秀的初始化应该使得各层的激活值和状态梯度的方差与在传播过程中的方差保持一致，因此 Xavier 初始化的基本思想是保持输入和输出的方差一致，这样就避免了所有输出值都趋向于 0。Xavier 初始化是目前常用的自适应初始化策略，通用的参数初始化方法，也被称为 Glorot initialization。在 PyTorch 的早期版本中默认使用 Xavier 初始化方法。

15.3.2　kaiming 初始化方法

Xavier 是一种非常优秀的初始化方法，但它适用于线性激活函数，而在神经网络普遍使用的 ReLU 激活函数上表现不佳。对此，何凯明等人在论文 *Delving Deep into Rectifiers: Surpassing Human-Level Performance on ImageNet Classification* 中提出了针对 ReLU 激活函数的 kaiming 初始化，也叫作 He initialization。关于这个初始化方法，读者可阅读其论文了解。PyTorch 从 1.0 版本开始，网络默认的初始化方法是 kaiming。

除上面两种最常用的初始化方法外，常见的初始化方法还包括零初始化（将权重参数初始化为零）、随机初始化（随机正态分布、随机均匀分布等）、正交初始化、稀疏初始化等。在本章例子中，我们通过定义的 init_weights 实例方法，对权重使用了(−0.5, 0.5)的均匀分布初始化，对偏置使用了全 0 初始化。

前面已经定义好的模型，下面实例化此模型，这里使用 len(vocab)获取词表大小，定义词向量大小 embedding_dim 为 100，模型作为分类问题，输出大小为 num_class，代码如下。

```
vocab_size = len(vocab)
model = TextClassificationModel(vocab_size, embedding_dim,
num_class).to(device)
```

最后定义损失函数、优化器、训练函数代码和测试函数代码，这些代码与前面讲过的基本类似，不再详述。

```
loss_fn = nn.CrossEntropyLoss()                    # 分类问题的损失函数
from torch.optim import lr_scheduler               # 用于对学习速率做衰减
optimizer = torch.optim.SGD(model.parameters(), lr=0.1)
# 定义学习速率衰减策略
exp_lr_scheduler = lr_scheduler.StepLR(optimizer, step_size=20,
gamma=0.1)

def train(dataloader):
    total_acc, total_count, total_loss, = 0, 0, 0
    model.train()
    for label, text, offsets in dataloader:# 注意现在的 dataloader 返回三项
        predicted_label = model(text, offsets)  # 模型调用时要输入 offsets
        loss = loss_fn(predicted_label, label)
        # 反向传播
        optimizer.zero_grad()
        loss.backward()
```

```
    optimizer.step()
    with torch.no_grad():
        total_acc += (predicted_label.argmax(1) == label).sum().item()
        total_count += label.size(0)           # 累加得到样本总数
        total_loss += loss.item()*label.size(0)  # 累加所有样本的总损失
    return total_loss/total_count, total_acc/total_count

def test(dataloader):
    model.eval()
    total_acc, total_count, total_loss, = 0, 0, 0
    with torch.no_grad():
        for idx, (label, text, offsets) in enumerate(dataloader):
            predicted_label = model(text, offsets)
            loss = loss_fn(predicted_label, label)
            total_acc += (predicted_label.argmax(1) == label).sum().item()
            total_count += label.size(0)
            total_loss += loss.item()*label.size(0)
    return total_loss/total_count, total_acc/total_count
```

准备好全部代码，下面就可以训练了。fit 训练函数与本书前面多次使用过的代码类似，代码如下。

```
def fit(epochs, train_dl, test_dl):
    train_loss = []
    train_acc = []
    test_loss = []
    test_acc = []

    for epoch in range(epochs):
        epoch_loss, epoch_acc = train(train_dl)
        epoch_test_loss, epoch_test_acc = test(test_dl)
        train_loss.append(epoch_loss)
        train_acc.append(epoch_acc)
        test_loss.append(epoch_test_loss)
        test_acc.append(epoch_test_acc)
        exp_lr_scheduler.step()
        template = ("epoch:{:2d}, train_loss: {:.5f}, train_acc: {:.1f}% ,"
                    "test_loss: {:.5f}, test_acc: {:.1f}%")
        print(template.format(
            epoch, epoch_loss, epoch_acc*100, epoch_test_loss,
            epoch_test_acc*100))
    print("Done!")
    return train_loss, test_loss, train_acc, test_acc
```

调用 fit 函数即可开始训练，经过 25 个 epoch 的训练，正确率大约为 88%，说明当前模型是有效的。读者还可以尝试通过增加层、改变词嵌入向量大小等继续优化此模型。

15.4　本章小结

本章讲解了文本处理的基础知识、演示了文本分类的一个简单模型。本章例子比较简单，代码参考了 PyTorch 官方文档的文本分类入门示例。本章的重点有 3 个方面：一是文本的向量化，即词嵌入表示；二是 torchtext 加载和预处理内置文本数据集，使用了 IMDB 电影评论数据集，内置的数据集很多，读者可自行加载练习；三是简单文本分类模型的实现和模型参数的初始化。当希望做一个简单的文本分类、情感判断模型时，可参考本章例子。不过读者要明确的是，本章的例子并没有考虑文本序列单词之间的顺序，仅仅将单词的词嵌入表示做了平均，并以此作为文本特征进行分类，因此文本分类模型的正确率并不是最高的，仍有优化的空间。

第 16 章
循环神经网络与一维卷积神经网络

本章关注循环神经网络与一维卷积神经网络。对于自然语言的理解，文本的顺序非常重要。例如，一个妈妈可能对孩子说过两句话："这题你不是练好几遍，笨得呀"和"你不笨，是这题得练好几遍呀"。读者可以发现这两句话中所用字是完全一样的，仅仅是字的顺序不同而已，其含义就变得不同了。这就说明在对文本的理解中，把握其顺序是非常重要的。第 15 章的简单文本分类实例中使用了 nn.EmbeddingBag 层，这个层会将所有文本的词嵌入求均值，而忽略了文本的顺序，所以这种处理文本的思路是有缺陷的，它没有捕捉到文本的顺序。如何让模型捕捉到文本序列的顺序是优化的一个方向，这就用到了本章要讲到的循环神经网络和一维卷积神经网络的知识。

16.1　循环神经网络的概念

循环神经网络（recurrent neural network，RNN）是一类对时间显式建模的神经网络。传统的神经网络模型是从输入层到隐藏层再到输出层，层与层之间是全连接的，每层之间的节点是无连接的。这种普通的神经网络对于很多序列问题却无能无力，如要预测句子某一单词的下一个单词是什么，一般需要用到前面的单词，因为一个句子中前后单词并不是独立的，很明显一个序列当前的输出不仅与当前输入有关系，也与之前的输入有关系。例如，当我们读到了一个不认识的英文单词，要猜测这个单词的含义时，不仅要看这个单词是怎样拼写的，还需要结合对前面读过句子的理解。为了使用和理解前面的输入，网络会对前面的信息进行记忆并应用于当前输出的计算中，即隐藏层之间的节点不再是无连接的，而是有连接的，并且隐藏层的输入不仅包括输入层的输出，还包括上一时刻隐藏层的输出。

RNN 之所以被称为循环神经网络，是因为它对序列的每个元素执行相同的任务，并且基于先前的计算进行输出。RNN 的优点是，它具有"记忆"，可以收集到目前为止已经计算的信息。关于 RNN 的理解可以参考论文 *A Critical Review of Recurrent Neural Networks for Sequence Learning*[①]，RNN 的基本结构示意图（图片来源于论文）如图 16-1 所示。

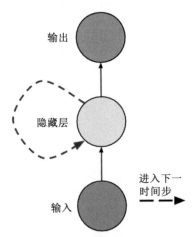

图 16-1　RNN 的基本结构示意图

图 16-1 中的 RNN 基本结构中的虚线反映出，RNN 网络的这些隐藏活性值会在同一序列的相邻输入之间被记忆。例如，RNN 模型在翻译一个句子时，单词是一个接一个按顺序输入到模型的。当前面一个单词输入模型后，模型不仅会给出一个对应的输出（这个单词的翻译结果），还会输出一个隐藏值，模型会根据这个隐藏值和下一个输入的单词共同预测当前单词的输出（即翻译结果）。为什么翻译后面单词的时候要结合前面的隐藏值呢？宏观上讲，翻译句子时要考虑上下文，这个隐藏值就可以认为是对于句子前面部分的记忆和理解，因此这部分的理解对于当前输出是有影响的。

如果将图 16-1 中的 RNN 的基本结构示意图沿着序列时间线展开，则会更加容易理解 RNN 的结构，RNN 沿着序列时间线的展开示意图如图 16-2 所示。

为了方便理解图 16-2 的示意，可以使用单词翻译的例子。在单词翻译的实例中，图 16-2 中的输入可理解为一个单词，输出是其对应的翻译输出。从图 16-2 中可以看到，每个单词输入到模型得到一个输出的同时，还会输出一个隐藏状态，也就是图 16-2 中的虚线箭头，这个隐藏状态就是用来表示对之前翻译过的单词的理解信息。对于除第一个单词之外的后面的所有单词，模型在翻译的时候，不仅会考虑当前的输入，还会结合这

[①] 论文网址为 https://arxiv.org/pdf/1506.00019.pdf。

个隐藏状态给出对应的翻译输出。注意，图 16-2 和图 16-1 实际上是一样的，只不过图 16-2 是图 16-1 在时间序列上的展开，看上去更容易理解而已。

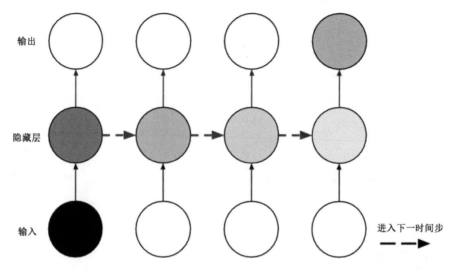

图 16-2　RNN 沿着序列时间线展开示意图

通过了解 RNN 基本结构，读者可以更容易地了解 RNN 的基本工作原理，不仅如此，我们还可以将 RNN 基本结构应用于文本或者序列的理解。例如，可以使用 RNN 基本结构来解决 IMDB 电影评论数据集。RNN 的基本结构也叫 RNN 基本单元，它在 PyTorch 中有内置的类，代码如下。

```
torch.nn.RNNCell(input_size, hidden_size)
```

RNNCell 类用于实现一个 RNN 基本结构，不过稍有区别的是，这个 RNN 基本单元舍弃了图 16-2 中的输出部分，仅仅输出一个隐藏状态，这样处理也是很有实用意义的。例如，在文本分类中，我们的目的就是要读完一段文字，如一段点评，然后预测这段点评是属于正面评价还是负面评价，这时可以使用最后的隐藏状态作为对整段文字的特征提取，将这个隐藏状态交给 Linear 层做分类即可。

下面使用 RNNCell 这个 RNN 基本单元对 IMDB 电影评论数据集进行分类。本章的模型由以下 3 个部分组成。

第一部分是词嵌入层即 nn.Embedding 层，这一层的作用是将文本转为词嵌入表示。具体来说，是将转换为词表的文本进行词嵌入表示的学习。这一层的输入是单词索引构成的文本序列，输出会将文本序列每一个单词映射到一个高维向量，即词嵌入表示。nn.Embedding 层将随着模型训练，学习到如何将当前文本中的单词（实际是索引）映射到一个合适的高维向量。

第二部分是使用 RNNCell 编写文本特征提取器。文本特征提取器也可以叫作文本特征编码器。通过前面介绍，我们了解 RNNCell 接收一个输入，输出一个隐藏状态。如果要用 RNNCell 来预测一段电影评论的情感类别，那就需要将这段电影评论在 RNNCell 上展开，通过对输入的电影评论迭代，按照评论中单词的顺序依次将评论中每一个单词的嵌入表示输入到 RNNCell，并结合上一个单词输出的隐藏状态输出一个新的隐藏状态。这样迭代到评论最后，可以认为最后的隐藏状态就是当前评论的特征，RNNCell 用于文本分类的示意图如图 16-3 所示。

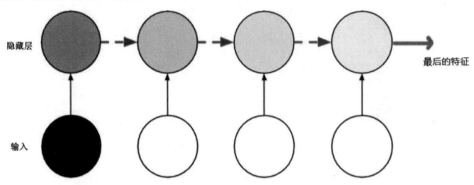

图 16-3　RNNCell 用于文本分类的示意图

为了方便调用，专门定义一个 RNN_Encoder 模块来实现文本在 RNNCell 上的循环迭代，代码如下。

```
#  使用 RNNCell 构建的序列特征提取模块
class RNN_Encoder(nn.Module):
    def __init__(self, input_dim, hidden_size):
        super(RNN_Encoder, self).__init__()
        self.rnn_cell = nn.RNNCell(input_dim, hidden_size)
    def forward(self, inputs):
        bz = inputs.shape[1]                  # 获取当前批次大小
        ht = torch.zeros((bz, hidden_size)).to(device)
        for word in inputs:                   # 沿着序列迭代
            ht = self.rnn_cell(word, ht)      # 复用参数 ht 传递隐藏状态
        return ht
```

在 RNN_Encoder 模块的初始化方法中初始化了 nn.RNNCell 这个类；在 forward 方法中有一些不同的地方需要注意。

（1）参数 inputs 表示输入，我们专门讨论 RNN 中输入数据集的形状，这里的讨论

对于 16.2 节中的 LSTMcell 和 LSTM 层同样适用。代码中的输入 inputs 是 nn.Embedding 层的输出，也就是词嵌入表示组成的文本序列，其形状是三维的，可以表示为(length, batch, embedding_dim)形式的张量。这里的第一维表示序列（或者说评论）的长度，第二维表示批次，第三维表示词嵌入向量。这一点与本书前面讲过的卷积网络不同，在二维卷积网络中，一般第一个维度是批次，这里 RNN 的输入第一个维度是序列长度，第二个维度是批次，为什么要这样设置呢？这主要是为了方便沿着序列方向展开使用，现在第一维度是序列长度，可以直接对序列进行 for 循环的迭代，如果把批次放到第一维，显然没有那么方便了。

（2）需要给 RNNCell 一个初始状态，RNNCell 接收两个输入（input 和 hidden_state），对于图 16-3 中隐藏层的第一个 cell，它是没有所谓的前面输出的隐藏状态的，这时就需要定义一个初始状态作为第一个 cell 的输入隐藏状态。一般可以设置全 0 张量作为初始状态。在代码中首先通过 inputs.shape[1]获取当前批次大小，这里批次是第二维，所以对输入形状的切片位置是 1。然后使用 torch.zeros()方法创建一个全 0 的张量。初始全 0 状态的数据集形状是(bz, hidden_size)，第一个维度是批次，在 RNN 中依然是使用小批量梯度下降，所以仍然采用批次训练；第二个维度是 hidden_size，这正是输出隐藏状态的大小。

（3）对输入序列的展开是通过 for 循环直接迭代得到的。在迭代过程中复用参数 ht 传递隐藏状态。迭代结束后的 ht 就是最后的隐藏状态，将其返回。

第三部分是 nn.Linear()输出层，为了增加拟合能力，可以使用多个 Linear 层。

根据上面三部分的讨论，可以定义文本分类模型，代码如下。

```python
# 以下代码定义使用 RNNCell 创建文本分类模型
class RNN_Net(nn.Module):
    def __init__(self, vocab_size, embedding_dim, hidden_size):
        super(RNN_Net, self).__init__()
        self.em = nn.Embedding(vocab_size, embedding_dim)   # 第一部分
        self.rnn = RNN_Encoder(embedding_dim, hidden_size)  # 第二部分
        self.fc1 = nn.Linear(hidden_size, 64)               # 第三部分
        self.fc2 = nn.Linear(64, 2)                         # 第二部分

    def forward(self, inputs):
        x = self.em(inputs)
        x = self.rnn(x)
        x = F.relu(self.fc1(x))
        x = self.fc2(x)
        return x
```

至此，模型已经定义好了，可以复用第 15 章的代码，这里除了模型有变化外，输入

的形状也要发生变化。为了使用批次训练，在一个批次中要确保所有的序列长度是一致的，这就需要根据本批次中最长序列的长度对其他序列进行填充，PyTorch 提供的 torch.nn.utils.rnn.pad_sequence() 方法可以实现这样的填充目标。注意，关于对每一条评论长度的填充，没必要将全部数据集的评论填充到统一的长度，只需要将本批次的评论填充到统一的长度即可，这一点与静态图 RNN 有所不同，这也体现了 PyTorch 动态图框架的优势。当然，体现在 RNN 的特点上，那就是无论序列多长，沿着序列迭代都会在最后得到一个隐藏状态。因此 RNN 是可以接收变长序列作为输入的，但是，在一个批次中仍然需要确保这个批次中序列长度一致。

输入的代码，相比第 15 章简单文本分类输入部分，前面加载数据集的代码与之完全一致，不同之处在于，本章不需要将文本合并成一个长的序列，当然也不需要提供 offsets 偏移值列表了，我们将以批次的形式提供文本和对应的标签，批次处理函数 collate_batch 的代码如下。

```python
def collate_batch(batch):
    label_list, text_list = [], []
    for (_label, _text) in batch:
        label_list.append(label_pipeline(_label))
        precess_text = torch.tensor(text_pipeline(_text), dtype=torch.int64)
        text_list.append(precess_text)
    label_list = torch.tensor(label_list)
    # 对本批次的文本序列填充
    text_list = torch.nn.utils.rnn.pad_sequence(text_list)
    return label_list.to(device), text_list.to(device)

train_dataloader = DataLoader(train_dataset, batch_size=64,
                              shuffle=True, collate_fn=collate_batch)
test_dataloader = DataLoader(test_dataset, batch_size=64,
                             shuffle=False, collate_fn=collate_batch)
```

注意，关于填充函数 torch.nn.utils.rnn.pad_sequence()，它默认使用参数 batch_first= False，即在填充后的数据中，批次是第二维度，第一维度是序列长度，关于这一点，可以从创建好的 dataloader 中查看返回的数据集形状。

```python
# 以下代码从 train_dataloader 迭代 11 个批次的数据，并输出其形状
for i, (label, text) in enumerate(train_dataloader):
    print(label.size(), text.size())
    if i>9:
        break
```

输出如下。

```
torch.Size([64]) torch.Size([533, 64])
torch.Size([64]) torch.Size([974, 64])
torch.Size([64]) torch.Size([548, 64])
torch.Size([64]) torch.Size([891, 64])
torch.Size([64]) torch.Size([536, 64])
torch.Size([64]) torch.Size([968, 64])
torch.Size([64]) torch.Size([952, 64])
torch.Size([64]) torch.Size([1183, 64])
torch.Size([64]) torch.Size([634, 64])
torch.Size([64]) torch.Size([947, 64])
torch.Size([64]) torch.Size([528, 64])
```

上面代码中，从 train_dataloader 迭代了 11 个批次的数据，并输出其形状，可以看到文本的形状均是长度在前，批次维度在后，即(length, batch)的形式；这里读者很容易发现，不同批次的数据长度是不同的。

最后回顾一下整个模型中的数据是如何前向传播的。

模型第一层是 nn.Embedding 层，它将文本序列编码为词嵌入表示组成的序列，代码中词嵌入向量的大小设置为 embedding_dim；通过上面查看 dataloader 中数据集的形状可以发现模型的数据集形状为(length,batch)，经过词嵌入表示后，每一个单词都将用长度为 embedding_dim 的向量表示，因此词嵌入层之后数据集的形状为(length,batch,embedding_dim)。

模型的第二层是 RNN_Encoder 模块，这个模块默认接收数据集的形状为(length, batch, embedding_dim)，沿着第一维长度维迭代返回一个隐藏状态。RNN_Encoder 模块有两个参数，一个是 input_dim，表示输入特征大小，即 nn.Embedding 层输出的词嵌入长度 embedding_dim；另一个是 hidden_size，表示隐藏层的特征单元数（units），它决定了输出的隐藏状态（hidden state）的大小。

然而，在训练 RNN 的过程中，特别是在序列很长时，容易出现梯度爆炸和梯度消失的问题，导致训练时梯度的传递性不高，即梯度不能在较长序列中传递，从而使 RNN 无法检测到长序列的影响。所谓梯度爆炸，是指在 RNN 中每一步的梯度更新可能会积累误差，最终梯度变得非常大，以至于 RNN 的权值进行过大幅度的更新。一般而言，梯度爆炸问题更容易处理，可以通过设置一个阈值来截取超过该阈值的梯度。对于基本 RNN 结构，梯度消失的问题更难处理，关于这一点，通过上面的例子就可以发现此问题。如果读者根据上面的代码进行训练，很有可能会发现此模型无法收敛，模型的正确率一直稳定在 50%。这正是因为评论太长导致的梯度消失问题引起的，通过输出部分批次的形状可以看到序列的长度都达到了几百甚至一千以上，在这么长的序列上迭代，到序列后面部分时的隐藏状态已经很难记录前面部分的梯度，从而导致模型无法收敛。当然，如果想解决此问题也很简单，我们可以人为地对序列进行截断。如只看前 100 个单词，这样的话，使用上面 RNNCell 创建文本分类模型就可以训练了，仅需在批次处理函数 collate_batch 的代码中增加一个切片即可，代码如下。

```
def collate_batch(batch):
    label_list, text_list = [], []
    for (_label, _text) in batch:
        label_list.append(label_pipeline(_label))
        precess_text = torch.tensor(text_pipeline(_text),
                                    dtype=torch.int64)
        text_list.append(precess_text[:100])# 使用切片截取评论的前 100 个单词
    label_list = torch.tensor(label_list)
    text_list = torch.nn.utils.rnn.pad_sequence(text_list)
    return label_list.to(device), text_list.to(device)
```

通过这样简单的修改后，读者训练时会发现模型可以收敛，并可获得与第 15 章差不多的正确率。

如果想优化这个 RNNCell 构建的模型或处理更长的序列，应该怎么办呢？可以通过使用其他结构的 RNNs 来处理，如长短期记忆网络和门控循环单元。

16.2 长短期记忆网络

由于存在梯度消失问题，基本 RNN 结构只能处理短期记忆，而存在长期依赖消失的问题，16.1 节的例子很明显地体现了这一点，只有使用切片截取长度短一些的评论才能使模型收敛。长短期记忆网络（long short-term memory，LSTM）在 RNN 的基础上进行了改进，它是由 Hochreiter 和 Schnidhuber 最先提出，被明确地设计出来解决长期依赖问题，记住长周期有用信息是它的基本功能。与 RNN 的基本结构中的循环层不同的是，LSTM 使用了 3 个"门"结构来控制不同时刻的状态和输出，即"输入门""输出门""遗忘门"。LSTM 通过"门"结构将短期记忆与长期记忆结合起来，可以缓解梯度消失的问题。LSTM 的单元结构如图 16-4 所示。

相比基本 RNN 结构中只有一个传递状态 hidden state，LSTM 有两个传输状态：一个单元状态（cell state）和一个隐藏状态（hidden state）。其中对于传递下去的 cell state 改变得很慢，通常输出的 cell state 是上一个状态传过来的 cell state 加上一些数值，因此 cell state 可以保留长时间记忆。但是，hidden state 在不同节点下往往会有很大的区别。

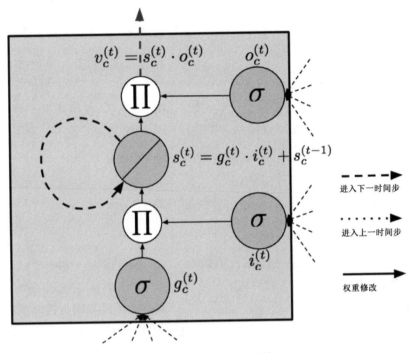

图 16-4　LSTM 单元结构

PyTorch 内置了 torch.nn.LSTMCell 类，这个类表示 LSTM 基本单元，使用 LSTMCell
类需要自己在代码中编写循环，例如在序列上按序列，顺序循环调用这个类实例实现序
列预测，其用法与 16.1 节演示的 RNNCell 类类似，但是也有一些不同的地方，读者注意
观察图 16-4 不难发现，相比 RNNCell 类输出单个隐藏状态，LSTMCell 类有两个传输状
态：单元状态和隐藏状态，当调用 LSTMCell 实例时，它会返回两个状态，这是与 RNNCell
类的不同之处。LSTMCell 实例的输入有两个，分别是当前输入和上一时刻输出的两个状
态（单元状态和隐藏状态），这也需要在代码中对两个状态做初始化。接下来在 16.1 节代
码的基础上定义一个使用 LSTMCell 类构建的 RNN_Encoder 模块，来实现文本在
LSTMCell 上的循环迭代，代码如下。

```
#  使用 LSTMCell 类构建的序列特征提取模块
class RNN_Encoder(nn.Module):
    def __init__(self, input_dim, hidden_size):
        super(RNN_Encoder, self).__init__()
        self.rnn_cell = nn.LSTMCell(input_dim, hidden_size)
                                                # 初始化 LSTMCell 类

    def forward(self, inputs):
        bz = inputs.shape[1]
```

```
ht = torch.zeros((bz, hidden_size)).to(device)   # 初始化隐藏状态
ct = torch.zeros((bz, hidden_size)).to(device)   # 初始化单元状态
for word in inputs:
    ht, ct = self.rnn_cell(word, (ht, ct))      # 在序列上循环调用
return ht                                        # 使用最后的隐藏状态
```

LSTMCell 类最后有两个传输状态：单元状态和隐藏状态，使用其中一个作为最后的特征输出即可，例如代码中仅将隐藏状态返回，作为序列的特征输出。使用 LSTMCell 类训练时，不需要对评论长度做截断，它可以少量地处理长的序列。

16.3　门控循环单元

门控循环单元（gated recurrent unit，GRU）在 LSTM 的基础上进行了改进，它在简化 LSTM 结构的同时保持着和 LSTM 相同的效果。相比于 LSTM 结构的 3 个"门"，GRU 将其简化至两个"门"："更新门"和"重置门"。"更新门"的作用是控制前一时刻的单元状态有多少信息数能被带入当前状态中；"重置门"的作用是控制前一状态能被写入当前状态的信息数。GRU 算法出自论文 *Learning Phrase Representations using RNN Encoder-Decoder for Statistical Machine Translation*[①]。

GRU 的优点是其模型的简单性，因此更适用于构建较大的网络。它只有两个门控，从计算角度看，它的效率更高，可扩展性有利于构筑较大的模型。一般情况下，GRU 的效果基本与 LSTM 相当，且训练速度更快；但是 LSTM 更加强大和灵活，因为它具有 3 个门控，在某些情况下，LSTM 可以取得更好的结果。

PyTorch 内置了 torch.nn.GRUCell 类，GRUCell 类表示 GRU 的基本单元，使用这个类同样需要在代码中编写循环。与 LSTMCell 类不同的是，GRUCell 类仅传输一个隐藏状态，下面使用 GRUCell 类构建 RNN_Encoder 模块，代码如下。

```
# 使用 GRUCell 类构建的序列特征提取模块
class RNN_Encoder(nn.Module):
    def __init__(self, input_dim, hidden_size):
        super(RNN_Encoder, self).__init__()
        self.rnn_cell = nn.GRUCell(input_dim, hidden_size)
    def forward(self, inputs):
        bz = inputs.shape[1]
        ht = torch.zeros((bz, hidden_size)).to(device)
```

---

① 论文网址为 https://arxiv.org/abs/1406.1078。

```
for word in inputs:
    ht = self.rnn_cell(word, ht)
return ht
```

16.4　LSTM 和 GRU 高阶 API

PyTorch 内置了 torch.nn.LSTMCell 类和 torch.nn.GRUCell 类，这两个类表示 LSTM 基本单元和 GRU 基本单元，使用这两个类时需要在代码中编写循环，在本书前面都做了演示。直接使用 Cell 类编写代码相对复杂，为了方便使用，PyTorch 还提供了高阶抽象类：即 torch.nn.LSTM 类和 torch.nn.GRU 类，这两个类在内部实现了 RNN 动力学，可以直接将序列作为参数在这两个类上调用，它们会在内部实现对序列的展开，无须编写对序列迭代的代码，不仅效率非常高，而且使用方便。我们可以直接使用这两个类代替前面定义的 RNN_Encoder 模块。

下面将使用 torch.nn.LSTM 实现对 IMDB 电影评论数据集的分类。本章模型由以下两部分组成。

第一部分是词嵌入层，即 nn.Embedding 层。这一层的作用是将文本转为词嵌入表示。

第二部分是 LSTM 层。为了使用 nn.LSTM 高阶抽象类，LSTM 层的输入为词嵌入表示的文本序列，其输入的数据是三维的，形状为(length, batch, embedding_dim)，这一点与前面的 Cell 类是一样的。

作为一个高阶抽象，LSTM 层会返回以下两项值。

☑　序列上每一步的输出。

☑　最后的隐藏层状态和最后的单元状态。

关于 LSTM 层的输出，需要注意它的输出形式，代码如下。

```
#  LSTM 的输出
lstm_layer = nn.LSTM(embedding_dim, hidden_size)           # 初始化
output, (hidden_state, cell_state) = lstm_layer (input)    # 调用
```

LSTM 层会输出序列中每一步的输出，所以这个输出张量 output 的第一维大小与序列长度是一致的。如果要对这个序列（或这条评论）分类，不需要序列的中间输出，只要最后的输出结果就可以。LSTM 文本分类的模型结构形式如图 16-5 所示。

由于仅需要将最后的输出作为整个序列提取到的特征，因此可以使用 output[-1]作为最后的特征。当然，也可以使用最后的隐藏层状态，甚至最后的单元状态都是可以的。

使用 LSTM 创建文本分类模型，就不需要专门定义 RNN_Encoder 了，代码如下。

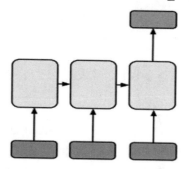

图 16-5　LSTM 文本分类模型结构形式

```python
# 使用 LSTM 高阶 API 创建文本分类模型
class RNN_Net(nn.Module):
    def __init__(self, vocab_size, embedding_dim, hidden_size):
        super(RNN_Net, self).__init__()
        self.em = nn.Embedding(vocab_size, embedding_dim)
        self.rnn = nn.LSTM(embedding_dim, hidden_size)    # 初始化 LSTM 层
        self.fc1 = nn.Linear(hidden_size, 64)
        self.fc2 = nn.Linear(64, 2)
    def forward(self, inputs):
        x = self.em(inputs)
        output, (hidden_state, cell_state) = self.rnn(x)
        x = F.relu(self.fc1(output[-1]))
        x = self.fc2(x)
        return x
# 初始化模型
model = RNN_Net(vocab_size, embedding_dim, hidden_size).to(device)
```

设置损失函数、优化器，代码如下。

```python
loss_fn = nn.CrossEntropyLoss()
from torch.optim import lr_scheduler
optimizer = torch.optim.Adam(model.parameters(), betas=(0.5, 0.999),
lr=0.01)
exp_lr_scheduler = lr_scheduler.StepLR(optimizer, step_size=15,
gamma=0.1)
```

以上代码中的 Adam 优化器设置了 betas 参数，betas 是用于计算梯度以及梯度平方的运行平均值的系数，betas 参数的形式为(beta1,beta2)，其中 beta1 表示一阶矩估计的指数衰减率（默认值为 0.9）；beta2 表示二阶矩估计的指数衰减率（默认值为 0.999），该超参数在稀疏梯度（如在自然语言处理或计算机视觉任务）中应该设置为接近 1 的数值。

　　下面来解释 Adam 优化算法。Adam 是一种可以替代传统随机梯度下降过程的一阶优化算法，它能基于训练数据迭代地更新神经网络权重。Adam 最开始是由 OpenAI 的 Diederik Kingma 和多伦多大学的 Jimmy Ba 在提交到 2015 年 ICLR（国际表征学习大会）的论文 *Adam: A method for Stochastic Optimization*[①]中提出的。该算法名为 Adam，其并不是首字母缩写，也不是人名，它的名称来源于自适应性矩估计（adaptive moment　estimation，Adam）。Adam 本质上是带有动量项的 RMSprop，它利用梯度的一阶矩估计和二阶矩估计动态调整每个参数的学习速率。它的优点主要在于经过偏置校正后，每一次迭代学习速率都有一个确定范围，使得参数比较平稳。在本章实例中设置 betas=(0.5, 0.999)。

　　此 LSTM 文本分类实例训练代码部分与第 15 章简单文本分类一致，这里不再冗述。经过训练，在测试数据集上最高正确率可达 88%，因为当前数据集比较小，提升并不明显。

16.5　循环神经网络的应用

　　自 LSTM 和 GRU 被提出后，RNN 被广泛应用在 NLP 领域中。图 16-6 展示了几种常见的 RNN 体系结构。

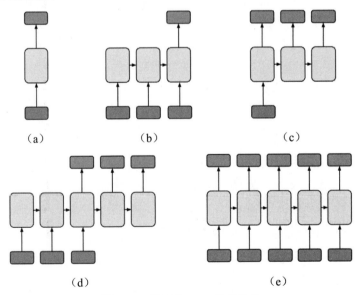

图 16-6　常见的 RNN 体系结构

---

① 论文网址为 https://arxiv.org/pdf/1412.6980.pdf。

☑ 图 16-6（a）是我们已经熟悉的神经网络架构，如常见的 CNN 分类模型。

☑ 图 16-6（b）是把序列输入转化为单个输出，如文本分类、情感判断或者视频（看作图片序列）分类等。

☑ 图 16-6（c）是把单个输入转化为序列输出，如文本生成、机器谱曲、计算机作诗等。

☑ 图 16-6（d）是把序列转化为序列，最典型的是机器翻译，注意输入和输出的"时差"。

☑ 图 16-6（e）是无时差的序列到序列转化，如给一个录像中的每一帧贴标签、手写连笔字识别等。

RNN 不仅在 NLP 领域中有广泛的应用，在时间序列预测、图像标题生成以及视频识别等领域都有应用。

16.6　中文文本分类实例

前面章节演示了使用 torchtext 内置的英文数据集进行文本分类的例子。下面简单介绍中文文本分类的做法，其中最主要是预处理部分。在对中文文本进行分类时，一个显而易见的问题是，中文文本需要通过分词获得单个的词语。有很多可以帮助我们对中文文本进行分词的库，如 jieba。jieba 是一个非常受欢迎的中文文本处理库，可以很方便地对中文文本分词。在使用 jieba 之前，需要先安装，安装命令如下。

```
> pip install jieba
```

安装完成后即可导入使用。可以使用 jieba.lcut()方法直接对文本分词，这个方法会以列表的形式返回分词的结果，以下代码是使用 jieba.lcut()方法对一句话进行分词的示例。

```
import jieba
print(jieba.lcut('这是一本关于 PyTorch 的书籍'))
```

运行上面的代码，读者将看到如下输出。

```
['这是', '一本', '关于', 'PyTorch', '的', '书籍']
```

这样就以列表的形式得到了分词后的文本。了解了分词工具后，接下来学习中文数据集语料。本章使用中文外卖评论数据集 waimai_10k.csv，此数据集是从某外卖平台收集的用户评价，包含正面评价 4000 条，负面评价约 8000 条，数据集是 CSV 格式的，中文外卖评论数据集形式如图 16-7 所示。

label	review
1	很快，好吃，味道足，量大
1	没有送水没有送水没有送水
1	非常快，态度好。
1	方便，快捷，味道可口，快递给力
1	菜味道很棒！送餐很及时！
1	今天师傅是不是手抖了，微辣格外辣！
1	送餐快，态度也特别好，辛苦啦谢谢
1	超级快就送到了，这么冷的天气骑士们辛苦了。谢谢你们。麻辣香锅依然很好吃。
1	经过上次晚了2小时，这次超级快，20分钟就送到了……
1	最后五分钟订的，卖家特别好接单了，谢谢。
1	量大，好吃，每次点的都够吃两次

图 16-7　中文外卖评论数据集

下面使用 pandas 来读取并观察数据集，输出如图 16-8 所示。

```
data = pd.read_csv('waimai_10k.csv')
print(data.head())            # 查看数据前五行
print(data.info())            # 查看数据整体情况
```

	label	review
0	1	很快，好吃，味道足，量大
1	1	没有送水没有送水没有送水
2	1	非常快，态度好。
3	1	方便，快捷，味道可口，快递给力
4	1	菜味道很棒！送餐很及时！

```
<class 'pandas.core.frame.DataFrame'>
RangeIndex: 11987 entries, 0 to 11986
Data columns (total 2 columns):
 #   Column  Non-Null Count  Dtype
---  ------  --------------  -----
 0   label   11987 non-null  int64
 1   review  11987 non-null  object
dtypes: int64(1), object(1)
memory usage: 187.4+ KB
```

图 16-8　使用 pandas 观察数据集

图 16-8 中的数据包含两列，其中 label 为 int64 类型，review 为字符串类型。下面统计正面评价和负面评价分别有多少条，代码如下。

```
print(data.label.value_counts())
# 输出  0    7987
#       1    4000
#       Name: label, dtype: int64
```

从输出可以看到负面评价有 7987 条，正面评价有 4000 条，这是一个不均衡的数据集。对于不均衡数据可以人为地采样为均衡数据，如从负面评价中随机选取 4000 条数据与正面评价一起训练，当然也可以对正面评价使用过采样。在这里为了简单，直接使用全部数据。要使用此数据集，首先需要去掉标点符号并分词，然后编写一个预处理函数，并在 review 列上应用此函数，代码如下。

```
# 编写文本预处理函数
def pre_text(text):
    text = text.replace('！', '').replace('，', '').replace('。', '')
    return jieba.lcut(text)
# 在 review 列上应用这个预处理函数
data['review'] = data.review.apply(pre_text)
```

现在的 review 列是分词后的列表，形式如图 16-9 所示。

```
data.review

0                        [很快, 好吃, 味道, 足量, 大]
1                    [没有, 送水, 没有, 送水, 没有, 送水]
2                          [非常, 快, 态度, 好]
3                    [方便快捷, 味道, 可口, 快, 递给, 力]
4                      [菜, 味道, 很棒, 送餐, 很, 及时]
                            ...
11982         [以前, 几乎, 天天, 吃, 现在, 调料, 什么, 都, 不放]
11983   [昨天, 订, 凉皮, 两份, 什么, 调料, 都, 没有, 放, 就, 放, 了, 点, ...
11984                      [凉皮, 太辣, ,, 吃不下, 都]
11985                    [本来, 迟到, 了, 还, 自己, 点]
11986   [肉夹馍, 不错, 羊肉, 泡馍, 酱肉, 包, 很, 一般, 凉面, 没, 想象, 中, ...
Name: review, Length: 11987, dtype: object
```

图 16-9　分词后的 review 列

现在可以直接使用 review 列创建词表，创建词表的方法与前面类似，仍然是使用 build_vocab_from_iterator()方法从生成器构建，代码如下。

```
from torchtext.vocab import build_vocab_from_iterator  # 导入创建词表的工具
def yield_tokens(data):
    for text in data:
        yield text
vocab = build_vocab_from_iterator(
                yield_tokens(data.review),
                specials=["<pad>", "<unk>"],
                min_freq=2)
vocab.set_default_index(vocab["<unk>"])
vocab_size = len(vocab)                        # 获取词表大小
```

数据集没有划分训练数据和测试数据，从其中随机采样出 80%作为训练数据，剩余的 20%作为测试数据。

```
i = int(len(data)*0.8)                      # 采样的样本条数
train_data = data.sample(i)                 # 采样训练数据
```

```
# 剩余的样本作为测试数据
test_data = data.iloc[data.index[~data.index.isin(train_data.index)]]
```

上面代码中首先使用了 pandas 数据类型 DataFrame 的 sample 采样方法随机获取了训练数据，然后获取所有不在训练数据中的索引，并使用 iloc 方法将这部分取出来作为测试数据。

接下来编写批处理函数并创建 dataloader。需要注意的是，在创建 dataloader 时，输入数据类型不能直接使用 DataFrame 形式，而是要使用 ndarray 类型，因此使用 train_data.values 和 test_data.values 得到 ndarray 类型的数据，批处理函数 collate_batch 的代码与 16.1 节的示例代码基本相同，代码如下。

```
device = torch.device('cuda' if torch.cuda.is_available() else 'cpu')
def collate_batch(batch):
    label_list, text_list = [], []
    for (_label, _text) in batch:
        label_list.append(_label)
        precess_text = torch.tensor(vocab(_text), dtype=torch.int64)
        text_list.append(precess_text)
    label_list = torch.tensor(label_list)
    text_list = torch.nn.utils.rnn.pad_sequence(text_list)
    return label_list.to(device), text_list.to(device)

train_dataloader = DataLoader(train_data.values, batch_size=64,
                              shuffle=True, collate_fn=collate_batch)
test_dataloader = DataLoader(test_data.values, batch_size=64,
                             shuffle=False, collate_fn=collate_batch)
```

最后创建模型并训练。模型代码和训练代码与 16.1 节示例部分完全相同，这里不再重复演示。以上就是一个简单的中文文本分类的处理演示，读者会发现其基本思路与英文文本数据集是一样的，也是要分词、创建词表，模型仍然使用词嵌入表示和 LSTM 层提取特征。

16.7　LSTM 模型的优化

前面章节一直在使用的是单层 LSTM，训练速度很慢。如果要加快训练速度，可以将代码中 nn.LSTM 替换为 nn.GRU，由于 GRU 单元的参数量要比 LSTM 少，训练速度会快一些；适当地增大参数 BATCHSIZE 也可增大显存占用、加快训练速度，但是由于 RNN 单元需要在序列上展开，其训练速度仍然比较慢，如果想快速地训练和预测，就需要考虑第 16 章的一维卷积神经网络了。

循环神经网络在拟合能力的优化方面可以考虑双向 RNN、多层 RNN 等。双向 RNN 是指从序列的两个方向同时对序列进行预测，这类似于在识别手写的连笔字，如果从前往后读可能识别不出来，可以看看后面的文字，用两边的文字同时帮助预测中间的文字，这便是双向 RNN 的处理思路。也就是说，在预测序列中单个节点时，会同时使用前面部分的特征和节点后面部分的特征。双向 RNN 的结构如图 16-10 所示。

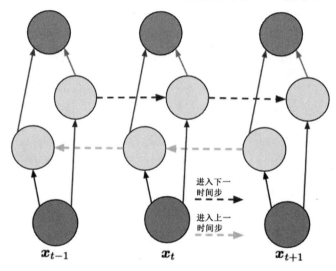

图 16-10　双向 RNN 的结构

双向 RNN 中有两个隐藏状态：一个是正序，如图 16-10 中的右向虚线；一个是逆序，如图 16-10 中的左向虚线。在计算序列中位置 t 的状态变量时，对于正序比较好理解，输入是上一个位置 $t-1$ 的隐藏状态和当前的输入；对于逆序，输入是下一个位置 $t+1$ 的隐藏状态和当前的输入。实际在处理双向 RNN 时，只需要将序列翻转并与正向序列同时作为输入即可。双向 RNN 一般在文本序列的预测中有比较好的表现。在 PyTorch 代码中，双向 LSTM 可在 nn.LSTM 参数中设置 bidirectional 参数为 True。例如，如果要在外卖评论模型中使用双向 LSTM，可修改模型代码如下。

```python
class BIRNN_Net(nn.Module):
    def __init__(self, vocab_size, embedding_dim, hidden_size):
        super(RNN_Net, self).__init__()
        self.em = nn.Embedding(vocab_size, embedding_dim)
```

```python
        self.rnn = nn.LSTM(embedding_dim, hidden_size,
                        bidirectional=True) # 设置bidirectional参数为True
        self.fc1 = nn.Linear(hidden_size*2, 64)
                                            # 注意: 此处hidden_size要乘以2

        self.fc2 = nn.Linear(64, 2)

    def forward(self, inputs):
        x = self.em(inputs)
        x = F.dropout(x)
        x, _ = self.rnn(x)
        x = F.dropout(F.relu(self.fc1(x[-1])))
        x = self.fc2(x)
        return x
```

相比单层的 LSTM 文本分类模型，双向 LSTM 模型有两个变化：一是 nn.LSTM 层设置 bidirectional 参数为 True；二是连接 nn.LSTM 层的 Linear 层输入特征变为 hidden_size×2。相比原来的单层 LSTM 输出张量长度为 hidden_size，双向 LSTM 相当于将正反两个 LSTM 层的输出合并在一起作为 Linear 的输入，因此这里的输入特征变为 hidden_size×2。经过训练可以看到，双向 LSTM 模型的拟合能力更强，模型正确率达到了 90%。

RNN 的另一个优化方向是使用多层 RNN，前面示例中使用的是单层 RNN，如果遇到 RNN 模型拟合能力不够时，与常见深度学习网络增强拟合能力的思路一致，可以考虑使用多层 RNN，多层 RNN 将上一层 RNN 的隐藏层状态作为下一层 RNN 的输入。多层 LSTM 可通过在 nn.LSTM 中设置 num_layers 参数实现，这个参数的取值是整数，表示 LSTM 的层数。

16.8　一维卷积神经网络

1. 什么是一维卷积神经网络

RNN 在处理序列问题时的正确率很高，但是有一个缺陷，即训练和预测的速度比较慢。如果对速度有特别的要求，可以考虑一维卷积神经网络。读者学习了卷积神经网络（二维卷积神经网络）已经了解，它在计算机视觉问题上表现出色，原因在于卷积神经网络能够进行卷积运算，从局部输入图块中有效地提取特征。卷积神经网络在计算机视觉领域表现优异，同样，它对序列处理也特别有效。对于某些序列问题，一维卷积神经网络的效果可以媲美 RNN，而且计算代价通常要小很多。

那么，什么是一维卷积？它和我们前面介绍的二维卷积之间有什么区别呢？实际上，无论是一维、二维还是三维，卷积神经网络都具有相同的特点和相同的处理思路。关键区别在于输入数据的维数以及卷积核（或滤波器）如何在数据上滑动。当提取图片特征时，二维卷积是将一个卷积核在图片的宽度和高度两个方向进行滑动窗口操作，在对应位置进行点积运算；而一维卷积的操作有所不同，其卷积核只是沿着序列长度单方向上进行滑动窗口计算，仍然是在对应位置进行点积运算。一维卷积的原理示意图如图 16-11 所示。

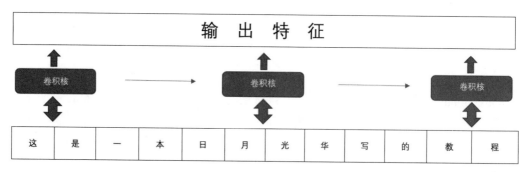

图 16-11　一维卷积的原理示意图

在图 16-11 中，双箭头代表点积运算，卷积核在序列上滑动，与所覆盖的序列输入进行点积运算得到特征输出。从这一点看，与二维卷积中卷积核在图片上滑动与图片中像素值进行点积得到图片特征是一样的处理思路。同样地，一维卷积也常使用多个卷积核提取序列特征。与二维卷积神经网络架构中使用池化层（最大池化、平均池化等）减小图片大小一样，一维卷积神经网络架构也会使用池化层减小序列的长度，通过一维卷积和一维池化堆叠使得序列越来越短，序列提取到的特征越来越厚，最后连接分类器就构成了完整的一维卷积神经网络。一维卷积神经网络架构的示意图（图片来源于论文 *Convolutional Neural Networks for Sentence Classification*[①]）如图 16-12 所示。

序列问题在前面曾经提到，序列的顺序对理解序列是非常关键的，读者可以思考一下，一维卷积神经网络是如何捕捉到序列顺序的？对于一维卷积神经网络来说，序列顺序的特征提取是通过长的卷积核和池化层对序列的缩放实现的。一个比较长的卷积核可以直接提取到其所能覆盖部分序列的顺序特征的，当一维卷积神经网络使用了池化层将序列缩短之后，第二层卷积每一个卷积核所能覆盖的序列长度会更长，这样就相当于捕捉到了序列更长的顺序特征。

---

① 论文网址为 https://arxiv.org/pdf/1408.5882.pdf。

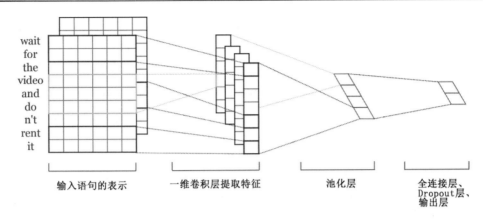

图 16-12　一维卷积神经网络架构示意图

在 PyTorch 中构造一维卷积神经网络可以使用 nn.Conv1d()层和 nn.MaxPool1d()层，如上面所说，nn.Conv1d()层可以选择大一些的卷积核，如设置 kernel_size 为 7、9 或 11 甚至更大。对于 Conv1d()卷积层，默认的数据输入形式为(batch, features ,length)，也就是说第一维度代表批次，第二维度代表序列中的节点特征（如果是文本的词嵌入表示，即 embedding_dim），第三维度代表序列长度。显然这与 LSTM 层要求数据的输入形式是不同的。如果仍然使用外卖评论数据集做演示，可以在批次处理函数的 torch.nn.utils. rnn.pad_sequence()方法中设置参数 batch_first 为 True，这样可确保批次为第一维。

```
def collate_batch(batch):
    label_list, text_list = [], []
    for (_label, _text) in batch:
        label_list.append(_label)
        precess_text = torch.tensor(vocab(_text), dtype=torch.int64)
        text_list.append(precess_text)
    label_list = torch.tensor(label_list)
    # 注意需要设置批次在前
    text_list = torch.nn.utils.rnn.pad_sequence(text_list,
                                                batch_first=True)
    return label_list.to(device), text_list.to(device)
train_dataloader = DataLoader(train_data.values, batch_size=64,
                    shuffle=True, collate_fn=collate_batch)
test_dataloader = DataLoader(test_data.values, batch_size=64,
                    shuffle=False, collate_fn=collate_batch)
```

在模型代码将使用两个 Conv1d()卷积层和一个 nn.MaxPool1d()层提取序列特征，提取后的特征仍然是三维的，即(批次,特征,长度)。连接到分类器 nn.Linear()层需要将数据降为二维，如果直接使用 view()方法是不合适的，因为每一个批次的长度可能不相同。针对这个问题，可以使用自适应平均池化函数 nn.AdaptiveAvgPool1d()，这个函数会根据 output_size 参数输出固定尺寸（长度），这样就可以确保无论多长的序列最后得到的特征大小都是一样的。对于图像等二维卷积，PyTorch 也提供了 AdaptiveAvgPool2d()方法，其作用类似函数 nn.AdaptiveAvgPool1d()，使用这个函数可以得到确定大小的输出特征图。模型的完整代码如下。

```python
class RNN_Net(nn.Module):
    def __init__(self, vocab_size, embedding_dim, hidden_size):
        super(RNN_Net, self).__init__()
        self.em = nn.Embedding(vocab_size, embedding_dim)
        self.conv1 = nn.Conv1d(in_channels=embedding_dim,
                               out_channels=64,
                               kernel_size=7)
        self.pool1 = nn.MaxPool1d(kernel_size=2)
        self.conv2 = nn.Conv1d(in_channels=64,
                               out_channels=128,
                               kernel_size=7)
        self.avgpool = nn.AdaptiveAvgPool1d(output_size=5)
        self.fc1 = nn.Linear(128*5, 64)
        self.fc2 = nn.Linear(64, 2)

    def forward(self, inputs):
        x = self.em(inputs)
        x = x.permute(0, 2, 1)
        x = F.relu(self.conv1(x))
        x = self.pool1(x)
        x = F.relu(self.conv2(x))
        # avgpool 层输出 3 个维度大小，分别为 batch、out_channels=128、output_size=5
        x = self.avgpool(x)
        x = x.view(-1, 128*5)
        x = F.dropout(F.relu(self.fc1(x)))
        x = self.fc2(x)
        return x
```

为了学习更高层次的特征，此一维卷积模型中首先使用了两个一维卷积层，并在中间使用池化层减小序列长度，然后使用 nn.AdaptiveAvgPool1d(output_size=5)将输出固定为(batch, out_channels,output_size)，最后展平并连接到分类器。模型中选择使用的卷积核大小为 7，是一个相比二维卷积较大的卷积核。为了防止过拟合，在分类器部分添加了 Dropout 层。模型的训练等代码与第 16 章的外卖分类实例基本一致。

2. 一维卷积神经网络的使用场景

一维卷积神经网络常用于序列模型，特别是自然语言处理领域。近年来，一维卷积神经网络已经在音频生成和机器翻译领域取得了巨大成功。除了这些具体的成就，对于文本分类和时间序列预测等简单任务，小型的一维卷积神经网络可以替代 RNN，而且速度更快。

一维卷积神经网络可以很好地识别数据中的简单模式，然后使用这些简单模式在更高级的层中生成更复杂的模式。当希望从整体序列中较短的片段获得感兴趣的特征，并且该特征在该数据片段中的位置不具有高度相关性时，一维卷积神经网络是非常有效的。一维卷积神经网络也可以很好地应用于传感器数据的时间序列分析（如陀螺仪或加速度计数据）；同样也可以很好地用于分析具有固定长度周期的信号数据（如音频信号）。

16.9　本 章 小 结

本章的重点在于文本的词嵌入表示、文本预处理思路、循环神经网络和一维卷积神经网络。本章演示了英文、中文的文本预处理方法，并讲解了 LSTM 模型的构建和优化以及一维卷积模型的构造。如果希望使用 GRU，仅需将本章 LSTM 代码中的 nn.LSTM 替换为 nn.GRU，代码上变化很小。但是要注意的是，GRU 只有隐藏层状态而没有单元状态，因此，GRU 层的返回值形式是(output, hidden_state)。循环神经网络在实际中应用十分广泛，不仅可以处理像本章演示的文本这样的序列，还可以预测时间序列。

第 17 章
序列预测实例

本章将演示 LSTM 处理序列预测的实例。序列预测在实际生活中很常见，很多问题本质上是序列问题。例如，一个公司网站的访问量是一个时间序列；股票走势也是一个时间序列；本章使用的空气质量检测数据依然是一个时间序列。对于序列的预测，不仅要考虑当前输入，还要考虑之前的状态，即历史变化规律，LSTM 非常适合处理此类问题。

17.1　时间序列数据集准备

本章使用的数据集是某城市空气质量检测数据，该数据集由加利福尼亚大学尔湾分校收集（网址为 https://archive.ics.uci.edu/ml/machine-learning-databases/00381/），数据集包含了从 2010 年 1 月 1 日至 2014 年 12 月 31 日的每隔一小时的空气质量检测数据，共 43824 条观测数据。观测数据包括日期、PM2.5 浓度、露点、温度、风向、风速、累积雪量和累积雨量等特征。原始数据中完整的特征如表 17-1 所示。

表 17-1　原始数据中完整的特征

序　号	英　文	中　文
1	No	行数
2	year	年
3	month	月
4	day	日
5	hour	小时
6	pm2.5	PM2.5 浓度
7	DEWP	露点
8	TEMP	温度

续表

序　号	英　文	中　文
9	PRES	大气压
10	cbwd	风向
11	lws	风速
12	ls	累积雪量
13	lr	累积雨量

　　要求创建一个模型，并能够根据之前几天的空气情况预测一天后（24 小时后）的空气中的 pm2.5 值。很显然这是一个序列预测问题。首先，读取并观察数据，代码如下。

```
data = pd.read_csv('./PRSA_data_2010.1.1-2014.12.31.csv')
print(data.info())
```

以上代码运行后的输出如下。

```
<class 'pandas.core.frame.DataFrame'>
RangeIndex: 43824 entries, 0 to 43823
Data columns (total 13 columns):
 #   Column  Non-Null Count  Dtype
---  ------  --------------  -----
 0   No      43824 non-null  int64
 1   year    43824 non-null  int64
 2   month   43824 non-null  int64
 3   day     43824 non-null  int64
 4   hour    43824 non-null  int64
 5   pm2.5   41757 non-null  float64
 6   DEWP    43824 non-null  int64
 7   TEMP    43824 non-null  float64
 8   PRES    43824 non-null  float64
 9   cbwd    43824 non-null  object
 10  Iws     43824 non-null  float64
 11  Is      43824 non-null  int64
 12  Ir      43824 non-null  int64
dtypes: float64(4), int64(8), object(1)
memory usage: 4.3+ MB
```

　　从上述输出中可以看到数据有 13 条，其中 No、year、month、day、hour 这些列是序号和时间，并不是预测所需的特征（可以直接删除）。为了便于观察，在这里设置时间为数据集索引，剩余的列是有效的特征，其中 pm2.5 这一列包含了缺失值，cbwd 这一列不是数值类型特征，这两列需要在预处理阶段处理。在处理之前，首先设置观测时间为索引，并删除 No、year、month、day、hour 等列。

```
# 下面代码设置观测时间为索引，并删除 No、year、month、day、hour 等列
import datetime
data['time'] = data.apply(lambda x: datetime.datetime(year=x['year'],
                                                       month=x['month'],
                                                       day=x['day'],
                                                       hour=x['hour']),
                          axis=1)
data.set_index('time', inplace=True)
data.drop(columns=['No', 'year', 'month', 'day', 'hour'], inplace=True)
```

当前观察数据的形式如图 17-1 所示。

```
data.head()
```

time	pm2.5	DEWP	TEMP	PRES	cbwd	lws	ls	lr
2010-01-01 00:00:00	NaN	-21	-11.0	1021.0	NW	1.79	0	0
2010-01-01 01:00:00	NaN	-21	-12.0	1020.0	NW	4.92	0	0
2010-01-01 02:00:00	NaN	-21	-11.0	1019.0	NW	6.71	0	0
2010-01-01 03:00:00	NaN	-21	-14.0	1019.0	NW	9.84	0	0
2010-01-01 04:00:00	NaN	-20	-12.0	1018.0	NW	12.97	0	0

```
data.tail()
```

time	pm2.5	DEWP	TEMP	PRES	cbwd	lws	ls	lr
2014-12-31 19:00:00	8.0	-23	-2.0	1034.0	NW	231.97	0	0
2014-12-31 20:00:00	10.0	-22	-3.0	1034.0	NW	237.78	0	0
2014-12-31 21:00:00	10.0	-22	-3.0	1034.0	NW	242.70	0	0
2014-12-31 22:00:00	8.0	-22	-4.0	1034.0	NW	246.72	0	0
2014-12-31 23:00:00	12.0	-21	-3.0	1034.0	NW	249.85	0	0

图 17-1 当前观察数据

从图 17-1 可以看到，数据实际上是从 2010.1.1 00:00～2014.12.31 23:00 的每隔一小时的观测数据。对于数据中的缺失值，使用后向填充，而 cbwd 这一列是分类数据，使用独热编码数值化。

```
data.fillna(method='bfill', inplace=True)           # 后向填充
# 查看都有哪些类别
```

```
print(data.cbwd.unique())              # 4 种类别 'NW', 'cv', 'NE', 'SE'
data = data.join(pd.get_dummies(data.cbwd))# cbwd 列独热编码并添加到数据集
del data['cbwd']                        # 删除 cbwd 列
```

至此，数据集已经全部数值化了，数值化后的数据如图 17-2 所示。

`data.head()`

time	pm2.5	DEWP	TEMP	PRES	Iws	Is	Ir	NE	NW	SE	cv
2010-01-01 00:00:00	129.0	-21	-11.0	1021.0	1.79	0	0	0	1	0	0
2010-01-01 01:00:00	129.0	-21	-12.0	1020.0	4.92	0	0	0	1	0	0
2010-01-01 02:00:00	129.0	-21	-11.0	1019.0	6.71	0	0	0	1	0	0
2010-01-01 03:00:00	129.0	-21	-14.0	1019.0	9.84	0	0	0	1	0	0
2010-01-01 04:00:00	129.0	-20	-12.0	1018.0	12.97	0	0	0	1	0	0

图 17-2　数值化后的数据

为了对数据集有个直观的印象，下面将最新 1000 条观测的 pm2.5 值绘图，如图 17-3 所示。

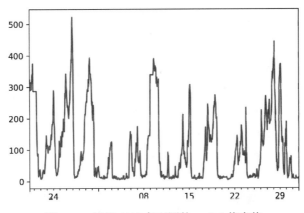

图 17-3　最新 1000 条观测的 pm2.5 值走势

从图 17-3 可以看到，最新 1000 条观测的 pm2.5 值的走势是有一些规律可循的。

数据总共有 43824 条，需要划分训练数据和测试数据。对于时间序列，一般使用前一段时间发生的数据来预测未来的情况，所以在划分数据时，可以直接将前面部分数据作为训练数据，后面部分数据作为测试数据，这样做是合理的，并不需要随机划分。使用前 35000 条原始观测数据作为训练数据，剩余的则作为测试数据。由于数据不同特征的分布范围不一致，因此使用在训练数据集上计算的均值和方差对数据做标准化，代码如下。

```
train_data = data.iloc[:35000]
test_data = data.iloc[35000:]
# 计算训练数据上的均值和方差
mean = train_data.mean(axis=0)
std = train_data.std(axis=0)
# 对训练数据和测试数据做标准化
train_data = (train_data - mean)/std
test_data = (test_data - mean)/std
```

上述代码中，将全部数据都做了标准化，包括 pm2.5 这一列，而这一列同时是我们的目标数据。标准化后的数据形式如图 17-4 所示。

```
train_data.head()
```

time	pm2.5	DEWP	TEMP	PRES	Iws	Is	Ir	NE	NW	SE	cv
2010-01-01 00:00:00	0.330343	-1.574604	-1.879823	0.442394	-0.450827	-0.074318	-0.140944	-0.358901	1.415346	-0.724734	-0.513308
2010-01-01 01:00:00	0.330343	-1.574604	-1.961003	0.346162	-0.389817	-0.074318	-0.140944	-0.358901	1.415346	-0.724734	-0.513308
2010-01-01 02:00:00	0.330343	-1.574604	-1.879823	0.249929	-0.354925	-0.074318	-0.140944	-0.358901	1.415346	-0.724734	-0.513308
2010-01-01 03:00:00	0.330343	-1.574604	-2.123364	0.249929	-0.293915	-0.074318	-0.140944	-0.358901	1.415346	-0.724734	-0.513308
2010-01-01 04:00:00	0.330343	-1.505543	-1.961003	0.153697	-0.232904	-0.074318	-0.140944	-0.358901	1.415346	-0.724734	-0.513308

图 17-4　标准化后的数据

下面创建 dataset，在 dataset 中采样输入特征和目标值。对于当前的序列预测问题，计划使用前 5 天的数据作为输入特征，预测 1 天后的 pm2.5 值，这样做是有现实意义的。为了便于读者理解，如果站在今天的角度看，要预测的是未来第 24 小时的 pm2.5 值，而我们将使用前 5 天的观测数据作为输入。这里的 5 天是一个超参数，读者完全可以尝试使用 7 天或者其他数值。数据采样的示意图如图 17-5 所示。

图 17-5　数据采样示意图

图 17-5 中大括号表示一次采样，采样会沿着时间序列进行。在示例中一次采样 6 天（5×24+24）的数据，其中 5×24 表示前面 5 天的数据，而 6 天（5×24+24）的数据的最后一个观测的 pm2.5 就是对应的目标值（target）。为了简单，采用的策略就是每次从序列中

采样一段 6 天（5×24+24）的数据，然后切片选择前面 5×24 长度的数据作为特征输入，数据最后一条的 pm2.5 值就是特征输入对应的 24 小时后的 pm2.5 值，即目标值。

```
features_length = 5*24              # 输入特征序列长度
delay = 24                          # 预测目标位置需增加的长度

# 下面定义 dataset 类
class PRSA_dataset(torch.utils.data.Dataset):
    # 初始化需要输入 DataFrame 类型数据，前面已经准备好了
    def __init__(self, dataframe):
        self.data = dataframe

    def __getitem__(self, index):
        the_data = (self.data.iloc[index: index + features_length +
delay]).values
        feature = the_data[:-delay, :]
        label = the_data[-1, 0]
        return feature.astype(np.float32), label.astype(np.float32)

    def __len__(self):
        return len(self.data) - features_length - delay
```

下面来解读创建 dataset 的代码，创建 dataset 时需要输入 DataFrame 类型数据，在 __getitem__ 方法中使用切片采样一段 6 天的数据，代码如下。

```
self.data.iloc[index : index + sequence_length + delay]
```

上述代码中的 iloc 表示按位置取值，默认是对行选择，所以此处选择了 features_length + delay 行的数据。其中 features_length 表示输入特征序列的长度，delay 表示预测目标需延后的序列长度。在这些数据中，delay 行之前的数据为输入特征，可使用如下的切片获取序列中的输入特征，代码如下。

```
feature = the_data[ :-delay, : ]
```

在 sequence_length+delay 行的数据中，最后一行的 pm2.5 的值为 target，pm2.5 是第一列，因此用切片[-1,0]取值，其中-1 表示最后一行，0 表示第一列。

```
label = the_data[-1, 0]
```

沿着序列采样最多只能取到序列总长度减去采样长度的序列，因此 __len__ 方法需返回。

```
len(self.data) - sequence_length - delay
```

这样就可以初始化训练数据 dataset 和测试数据 dataset 并创建 dataloader 了。

```python
train_ds = PRSA_dataset(train_data)
test_ds = PRSA_dataset(test_data)
print(len(train_ds), len(test_ds))              # 输出(34736, 8560)

BTACH_SIZE = 256
hidden_size = 64

train_dl = torch.utils.data.DataLoader(
                                    train_ds,
                                    batch_size=BTACH_SIZE,
                                    shuffle=True
)
test_dl = torch.utils.data.DataLoader(
                                    test_ds,
                                    batch_size=BTACH_SIZE
)
```

至此，数据准备工作完成，下面开始编写模型。

17.2　序列预测模型

在编写模型之前，需先确认输入数据集的形状，第一维度是批次，这个维度是通过 DataLoader 添加的；第二维度是序列长度，序列是在创建 dataset 类时使用切片切出来的等长序列，长度为 features_length；第三维度是每一次观测的特征，本章数据共有 11 列特征，这便是输入数据的维度。需要注意的是，batch 维度是第一维度，因此在使用 LSTM 层时需要指定 batch_first=True。模型代码如下。

```python
class Net(nn.Module):
    def __init__(self):
        super(Net, self).__init__()
        self.rnn = nn.LSTM(train_data.shape[-1],
                           hidden_size,
                           batch_first=True)
        self.fc1 = nn.Linear(hidden_size, 64)
        self.fc2 = nn.Linear(64, 1)

    def forward(self, inputs):
        _, (hs, cs) = self.rnn(inputs)       # 这里使用 hs 作为特征输出
```

```
x = F.dropout(hs[0])
x = F.dropout(F.relu(self.fc1(x)))
x = self.fc2(x)
# torch.squeeze 去掉为 1 的维度: (64, 1)→(64)
return torch.squeeze(x)
```

以上模型很简单，主要有 LSTM 层和 Linear 层。第一层是 LSTM 层，其输入的维度是输入数据最后一个维度的大小，输入数据集形状与前面文本分类中不同，批次是第一维度，需指定 batch_first=True。预测的 pm2.5 值取值是连续的，所以是一个回归问题，模型输出层输出 1。在模型的 forward()方法中选择使用最后的隐藏状态作为整个序列提取到的特征，因此使用了 LSTM 层返回的隐藏状态 hs 作为下一层的输入。隐藏状态是三维的，第一维度为 1，因此添加了切片 hs[0]。由于数据集不大，模型容易过拟合，这里添加了两个 Dropout 层来抑制过拟合。接下来就可以初始化模型并进行训练了。

关于模型训练，这里不再重复演示。回归问题的损失函数为 nn.MSELoss()，在测试数据集中，如果希望获取平均绝对损失，可以使用 nn.L1Loss()损失计算函数，平均绝对损失可直观地反映损失的大小。由于已将目标值（pm2.5 列）也做了归一化，可将 nn.L1Loss()损失计算函数返回的平均绝对损失乘以训练数据集中 pm2.5 列的标准差，这样得到的结果就是预测结果的平均绝对损失。例如，如果预测结果的平均绝对损失为 40，则说明实际结果和模型预测结果差距在 40 以内。

17.3　本　章　小　结

本章讲解了一个序列预测的实例，类似的应用很多，在很多的时间序列中都会使用多个特征去预测未来的某个值，这时就可以考虑使用 LSTM，LSTM 可以很好地提取时间维度上的特征变化，做出正确的预测。上面演示的例子，在训练过程中主要的难点在于过拟合，其根源在于训练数据比较少。如果遇到欠拟合的情况，可以使用多层 LSTM 来增加模型的拟合能力。

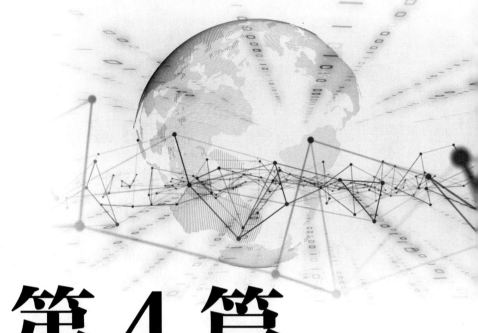

第4篇

生成对抗网络和目标检测篇

第 18 章
生成对抗网络

生成对抗网络（generative adversarial networks，GAN）是当前人工智能（artificial intelligence，AI）学界最为重要的研究热点之一。其突出的生成能力不仅可用于生成各类图像和自然语言数据，还启发和推动了各类半监督学习和无监督学习任务的发展。本章将详细介绍生成对抗网络的基本原理和简单 GAN 的代码实现。

18.1 GAN 的概念及应用

18.1.1 什么是 GAN

GAN 是一种深度学习模型，是近年来复杂分布上无监督学习最具前景的方法之一。2014 年，还在蒙特利尔大学读博士的 Ian Goodfellow 发表了论文 *Generative Adversarial Networks*[①]，将 GAN 引入深度学习领域。2016 年，GAN 热潮席卷 AI 领域顶级会议，从 ICLR 到 NIPS，大量高质量论文被发表和探讨。Yann LeCun 曾评价 GAN 是 "20 年来机器学习领域最酷的想法"。

GAN 是一种深度神经网络架构，基本的 GAN 由一个生成网络和一个判别网络组成。生成网络产生 "假" 数据，并试图欺骗判别网络；判别网络对生成数据进行真伪鉴别，试图正确识别所有 "假" 数据。在训练迭代的过程中，两个网络持续地进化和对抗，直到达到平衡状态（参考纳什均衡），当判别网络无法再识别 "假" 数据时，训练结束。

基于上述思想，GAN 模型主要包括两个子模型，即生成模型（generative model）和判别模型（discriminative model），也常叫作生成器（generator）与判别器（discriminator）。生成器主要用来学习真实图像分布，从而让自身生成的图像更加真实以骗过判别器。判

---

① 论文网址为 https://arxiv.org/abs/1406.2661。

别器则需要对接收的图片进行真假判别，实际就是一个二分类模型。在训练过程中，生成器努力地让生成的图像更加真实，而判别器则努力地去识别图像的真假，这个过程相当于一个二人博弈，随着时间的推移，生成器和判别器在不断地进行对抗，最终两个网络达到了一个动态均衡，即生成器生成的图像接近于真实图像分布，而判别器识别不出真假图像，对于给定图像的预测为真的概率基本接近 0.5（相当于随机猜测类别）。

GAN 设计的关键在于损失函数的处理。对于判别模型，损失函数是容易定义的，判别器主要用来判断一张图片是真实的还是生成的，显然这是一个二分类问题，本书前面已经演示过如何创建一个分类模型。但对于生成模型，损失函数的定义就不那么容易。我们希望生成器可以生成接近真实的图片，对于生成的图片是否像真实的，肉眼容易判断，但具体到代码中，往往是一个抽象的目标，难以直接定义明确的损失函数。针对这个问题，不妨把生成模型的输出交给判别模型处理，让判别器来判断这是一张真实的图片还是假的图片。因为深度学习模型很适合做图片的分类。这样就将 GAN 中的两大类模型，即生成器与判别器紧密地联合在一起了。GAN 的网络结构如图 18-1 所示。

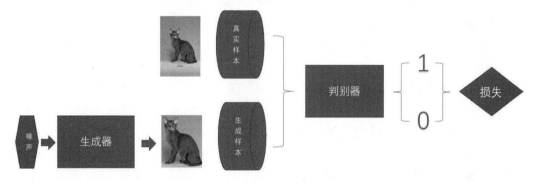

图 18-1　GAN 的网络结构

GAN 的网络结构的精妙之处在于对生成模型损失函数的处理，这里以生成图片为例，说明其整个算法流程。假设有两个网络，G（generator）和 D（discriminator），正如它们的名字所暗示的那样，它们的功能如下。

☑ G 是一个生成图片的网络，接收一个随机的噪声 z，通过这个噪声生成图片，记作 $G(z)$。

☑ D 是一个判别网络，判别一张图片是不是"真实的"。它的输入参数 x 代表一张图片，输出 $D(x)$ 代表 x 为真实图片的概率，如果输出为 1，代表 100% 是真实的图片；输出为 0，则代表不可能是真实的图片。

在训练过程中，将随机噪声输入生成网络 G 得到生成的图片；判别器接收生成的图片和真实的图片，并尽量将两者区分开来。在这个计算过程中，能否正确区分生成的图片和真实的图片将作为判别器的损失，而能否生成近似真实的图片并使得判别器将生成的图片判定为真将作为生成器的损失。这里生成器的损失是通过判别器的输出来计算的，而判别器的输出是一个概率值，可以通过交叉熵来计算。

Ian Goodfellow 从理论上证明了 GAN 算法的收敛性以及在模型收敛时生成数据具有和真实数据相同的分布。GAN 的公式如下。

$$\min_G \max_D V(D,G) = E_{x \sim p_{\text{data}}(x)}\big[\log D(x)\big] + E_{z \sim p_z(z)}\big[\log(1 - D(G(z)))\big]$$

以上公式中 x 表示真实图片，z 表示输入 G 网络的噪声，$G(z)$ 表示 G 网络生成的图片，$D(x)$ 表示 D 网络判断图片是否为真实图片的概率。

这个公式分为前后两部分。首先看加号前面的部分，P_{data} 表示真实数据的分布，$x \sim P_{\text{data}}$ 表示从真实数据中抽样，$D(x)$ 表示判别器将真实数据（真实图片）判定为真的概率。优化目标是希望这个概率越大越好，这是显然的，因为希望判别器正确区分真实图片和生成图片，即对于符合 P_{data} 分布的真实图片 x，判别器应该给出预测结果 $D(x)$ 越大越好，最好的结果是 $D(x)$ 等于 1。对数函数 log 是单调递增函数，加上对数运算后，优化目标仍然是这一部分越大越好，这也是为什么公式等号前面的 D 上面写一个 max。公式中加上 log 运算起到了放大损失的作用。假如 $D(x)$ 给出一个接近 0 的输出，那么取对数后将接近负的无穷大。

接下来再看公式的后半部分。公式中 $z \sim P_z(z)$ 表示噪声，z 是从 $P_z(z)$ 分布中获取的抽样，对于判别器 D 而言，如果其输入是生成数据，也就是 $D(G(z))$，那么判别器的目标是最小化 $D(G(z))$，希望它被判定为 0，即希望 $1-D(G(z))$ 越大越好，加上对数运算的作用与刚刚所说的相同。对于生成器 G 来说，它希望生成的数据被判别器识别为真，即希望 $D(G(z))$ 越大越好，最理想的结果是 $D(G(z))$ 等于 1，与之等价的，即优化的目标是希望 $1-D(G(z))$ 越小越好。可以看到判别器 D 和生成器 G 对 $1-D(G(z))$ 这部分的优化目标是相反的，这就在公式中体现了判别器和优化器的对抗关系。

18.1.2 GAN 的应用

GAN 很容易在需要生成的场景中得到应用，如生成现实照片、生成动画角色、增强学习等。在图像编辑和图像修改等场景，GAN 有着更广泛的应用。例如自动为素描上色、人脸表情转换、人脸替换、图像风格转换、图像修复、图像超分辨率、交互式图像生成等。不限于视觉领域，GAN 在自然语言处理上也有广泛应用，如文本生成、根据文本生成图像、辅助判断输入图像是否满足文本描述等。另外，GAN 在视频预测、视频生成、预测药物、生成药学分子结构和合成新材料配方等领域都得到了应用，在目标检测、行人识别、重定位上也有辅助作用。

18.2　基本的 GAN 实例

　　下面用 PyTorch 实现一个简单的 GAN。为方便读者学习,在本节的例子中,无论是生成器还是判别器都使用全连接层来实现,这样实现的代码比较简单,且容易理解。本节将使用基础 GAN 来生成手写数字,用到的数据集为 torchvision 内置的手写数字数据集。

　　首先加载训练数据,GAN 的训练中仅需提供真实图片,所以这里仅加载使用训练数据集。在 GAN 的生成器中,一般使用 tanh() 作为输出层的激活函数,tanh() 输出范围的对称性有利于网络以对称方式处理较深的颜色和较浅的颜色。tanh() 作为生成器输出层的激活函数,导致生成的图像取值为(-1,1),为了确保真实图像和生成图像的取值范围一致,在数据输入部分需要将输入图片的取值规范到(-1,1),可通过使用 transforms.Normalize() 方法来实现,数据加载代码如下。

```python
transform = transforms.Compose([
    transforms.ToTensor(),                       # 取值范围会被归一化到(0, 1)
    transforms.Normalize(mean=0.5, std=0.5)      # 设置均值和方差均为 0.5
])
train_ds = torchvision.datasets.MNIST('data/',
                                      train=True,
                                      transform=transform,
                                      download=True)
train_dl = torch.utils.data.DataLoader(train_ds, batch_size=64,
shuffle=True)
```

　　接下来介绍生成器的定义。首先要明确一点,生成器的输入是随机的噪声,输出为手写数字图片,这里生成图片的大小与输入的真实图片大小一致,均为(28,28,1)。使用随机噪声作为生成器的输入是为了确保输出的多样性,防止模式坍塌。这个例子中将使用长度为 100 的随机正态分布张量作为生成模型的输入。生成器的代码如下。

```python
#定义生成器
class Generator(nn.Module):
    def __init__(self):
        super(Generator, self).__init__()
        self.main = nn.Sequential(
            nn.Linear(100, 256),                 # 100 是随机正态分布的张量大小
            nn.ReLU(),
            nn.Linear(256, 512),
```

```
        nn.ReLU(),
        nn.Linear(512, 28*28*1),
        nn.Tanh()
     )

def forward(self, x):
    img = self.main(x)
    img = img.view(-1, 28, 28, 1)      # 改变形状为手写图片同样大小
    return img
```

以上代码比较简单，使用 3 个 nn.Linear() 全连接层，将长度 100 的随机正态分布转为 28×28×1 的输出张量，中间层使用 ReLU 函数激活，输出层使用 Tanh 函数激活。为方便可视化，将输出张量使用 view() 方法调整为 (28, 28, 1) 的图片形式。

判别器就是一个最基础的由 Linear 层构造的分类模型，但是它也有一些特别之处。在 DCGAN 论文中提到，带泄漏单元的 ReLU 激活函数（LeakyReLU）更有利于 GAN 模型训练。LeakyReLU 激活函数与 ReLU 激活函数很相似，仅在输入小于 0 的部分有差别，ReLU 激活函数在输入小于 0 的部分，值都为 0，而 LeakyReLU 激活函数在输入小于 0 的部分，值则为负，且有微小的梯度。LeakyReLU 激活函数图像如图 18-2 所示。

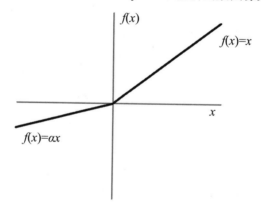

图 18-2　LeakyReLU 激活函数图像

PyTorch 中内置了 LeakyReLU 层，可直接使用 nn.LeakyReLU() 初始化激活层。在判别器代码中，将使用 LeakyReLU 作为中间层激活。

判别器是一个二分类的分类模型，在判别器输出层中，模型设置输出层输出张量长度为 1，并使用 Sigmoid 函数激活。Sigmoid 激活函数的输出为 0～1，可以设置一个阈值（通常选择 0.5），将 Sigmoid 函数的输出转换为 0 或 1，这样就达到二分类的目的。当使用 Sigmoid 函数激活时，PyTorch 提供了 nn.BCEloss() 作为二分类的交叉熵损失函数。这

种处理二分类模型的方式与经典机器学习中逻辑回归模型类似，但是与前面的处理二分类问题的方法是不同的。前面的处理思路，一般设置模型输出层输出 2，并使用 nn.CrossEntropyLoss()作为损失函数，这其实就是多分类的处理思路。

判别器之所以设置输出层输出张量长度为 1 并使用 Sigmoid 函数激活，是为了方便在训练时构造同形状的 target，判别器代码如下。

```python
# 定义判别器
class Discriminator(nn.Module):
    def __init__(self):
        super(Discriminator, self).__init__()
        self.main = nn.Sequential(
            nn.Linear(28*28*1, 512),
            nn.LeakyReLU(),
            nn.Linear(512, 256),
            nn.LeakyReLU(),
            nn.Linear(256, 1),
            nn.Sigmoid()
        )                        # 输出层输出 1，并使用 Sigmoid 函数激活

    def forward(self, x):
        x = x.view(-1, 28*28*1)
        x = self.main(x)
        return x
```

以上代码中，模型首先直接将输入图片调整为 28×28 长度的张量，中间层使用了全连接层和 LeakyReLU 函数激活，输出层使用 Sigmoid 函数激活。

然后定义损失函数、初始化两个模型和两个优化器。为了方便观察生成的图像情况，编写了一个可视化函数，此函数会在训练过程中绘制生成的图像并保存，因为生成器使用了 tanh()激活，生成图像的取值为(−1,1)，使用 Matplotlib 绘图时，需要将其取值转换为 (0,1)，接下来可视化 16 张图片，代码如下。

```python
device = "cuda" if torch.cuda.is_available() else "cpu"
gen = Generator().to(device)           # 实例化生成器
dis = Discriminator().to(device)       # 实例化判别器
loss_fn = torch.nn.BCELoss()           # 定义损失函数
d_optimizer = torch.optim.Adam(dis.parameters(), lr=0.0001)
                                       # 判别模型的优化器
g_optimizer = torch.optim.Adam(gen.parameters(), lr=0.0001)
                                       # 生成模型的优化器

# 定义可视化函数
def generate_and_save_images(model, epoch, test_input):
```

```
# np.squeeze 去掉长度为 1 的维度
predictions = np.squeeze(model(test_input).detach().cpu().numpy())
    fig = plt.figure(figsize=(4, 4))            # 可视化 16 张图片
    for i in range(predictions.shape[0]):   # redictions.shape[0]为 16
        plt.subplot(4, 4, i+1)
        plt.imshow((predictions[i] + 1)/2, cmap='gray')
                                            # 注意取值范围的转换
        plt.axis('off')
    plt.savefig('image_at_epoch_{:04d}.png'.format(epoch)) # 保存图片
    plt.show()
# 设置生成绘图图片的随机张量，这里可视化 16 张图片
# 生成 16 个长度为 100 的随机正态分布张量
test_seed = torch.randn(16, 100, device=device)
```

下面编写训练循环，整个训练过程可分为以下 3 个部分。

（1）将真实图片输入判别器，并计算损失。根据前面对 GAN 的讲解，真实图像应该被判别器判定为真，即 1，因此使用全 1 张量作为目标值，判别器在真实图片上的输出为 real_output，real_output 与生成的全 1 目标值计算交叉熵损失即为判别器在真实图片上的损失，代码如下。

```
# 以下为判别器在真实图片上的损失
d_real_loss = loss_fn(real_output, torch.ones_like(real_output,
device=device))
```

（2）将随机分布 random_seed 输入生成器得到生成图片，将生成图片交给判别器得到 fake_output，判别器应该能将生成图片判定为假，即 0，因此使用全 0 张量作为目标值，判别器在生成图片上的输出为 fake_output，fake_output 与生成的全 0 目标值计算交叉熵损失即为判别器在生成图片上的损失，代码如下。

```
# 以下为判别器在生成图片上的损失
d_fake_loss = loss_fn(fake_output, torch.zeros_like(fake_output,
device=device))
```

这两部分的损失之和为判别器的损失。这两个损失正是对判别器的优化目标，因为希望判别器能够正确地区分真实图片和生成图片。还有一点需要注意，根据判别器损失来优化的对象是判别器模型，而不是生成器模型。因此，在计算判别器模型损失的过程中，调用生成器生成图像（generated_img）后需要对生成的图片添加 detach()方法，用来截断生成器部分的反向传播。总体来讲，判别器的目标就是正确地区分真实图片和生成图片，这两个损失函数也是根据这个目标得到的。

（3）将生成的图片交给判别器得到 fake_output，对于生成器来说，它的优化目标是

希望生成图片骗过判别器，让判别器判定为真，即生成器优化目标 fake_output 为 1，因此生成器损失为 fake_output 与全 1 的目标值计算交叉熵损失。

```
# 生成器损失
gen_loss = loss_fn(fake_output, torch.ones_like(fake_output,
device=device))
```

综上所述得出的训练代码如下。

```
D_loss = []                          # 记录训练过程中判别器损失变化
G_loss = []                          # 记录训练过程中生成器损失变化


#开始训练
for epoch in range(30):
    D_epoch_loss=0                   # 用于累加一个 epoch 中 D 的损失
    G_epoch_loss=0                   # 用于累加一个 epoch 中 G 的损失
count = len(train_dl)

    for step, (img, _) in enumerate(train_dl):
        img = img.to(device)
        size = img.shape[0]          # 获取当前批次大小
        random_seed = torch.randn(size, 100, device=device) # 生成随机输入

        d_optimizer.zero_grad()
        real_output = dis(img)       # 判别器输入真实图片
        d_real_loss = loss_fn(real_output,
                        torch.ones_like(real_output, device=device))
        d_real_loss.backward()
        # 生成器输入随机张量得到生成图片
        generated_img = gen(random_seed)
        # 判别器输入生成图像，注意此处的 detach() 方法
        fake_output = dis(generated_img.detach())
        d_fake_loss = loss_fn(fake_output,
                        torch.zeros_like(fake_output, device=device))
        d_fake_loss.backward()

        disc_loss = d_real_loss + d_fake_loss      # 判别器的总损失
        d_optimizer.step()

        g_optimizer.zero_grad()
        fake_output = dis(generated_img)           # 判别器输入生成图像
        gen_loss = loss_fn(fake_output,
                        torch.ones_like(fake_output, device=device))
        gen_loss.backward()
        g_optimizer.step()
```

```
    with torch.no_grad():
        D_epoch_loss += disc_loss.item()
        G_epoch_loss += gen_loss.item()
with torch.no_grad():
    D_epoch_loss /= count
    G_epoch_loss /= count
    D_loss.append(D_epoch_loss)
    G_loss.append(G_epoch_loss)
    # 训练完一个 Epoch，输出提示并绘制生成的图片
    print("Epoch:", epoch)
    generate_and_save_images(gen, epoch, test_seed)
```

执行上面的训练代码，得到类似如图 18-3 所示的生成图像。

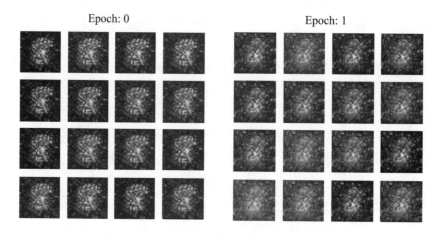

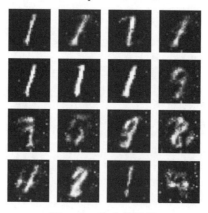

图 18-3　生成的图像

从图 18-3 中可以看到，在训练刚开始时，生成器生成的图像是一些杂乱的点，经过 30 个 epoch 的训练，生成器生成了基本可以识别出来的图像。

以上就是基础 GAN 的整个训练代码。基础 GAN 比较简单，仅仅使用了 Linear 层，所以缺点也很明显，生成的图像效果比较差，很多图像看上去仍然有些模糊，如果希望生成更加清晰的图像，可以参见 18.3 节中的深度卷积生成对抗网络。

18.3 深度卷积生成对抗网络

2016 年，Alec Radford 等发表的论文 *Unsupervised Representation Learning with Deep Convolutional Generative Adversarial Networks*[①] 提出了深度卷积生成对抗网络（deep convolutional generative adversarial networks，DCGAN），开创性地将 CNN 应用到 GAN 的模型算法设计中，替代了全连接层，提高了图片场景里训练的稳定性，奠定之后几乎所有 GAN 的基本网络架构。DCGAN 极大地提升了原始 GAN 训练的稳定性以及生成结果的质量。

论文中展示了卷积层如何与 GAN 一起使用，并为此提供了一系列架构指南。论文还讨论了 GAN 特征的可视化、潜在空间插值、如何利用判别器特征训练分类器、评估结果等问题。

DCGAN 主要是在网络架构上改进了原始 GAN，DCGAN 的生成器与判别器都利用 CNN 架构替换了原始 GAN 的全连接网络，主要改进之处体现在如下几个方面。

（1）DCGAN 的生成器和判别器都舍弃了 CNN 的池化层，判别器保留 CNN 的整体架构，生成器则是将卷积层替换成了反卷积层（ConvTranspose2d）。

（2）在判别器和生成器中使用了 BN 层，有助于处理由于初始化不良导致的训练问题，加速了模型训练，提升了训练的稳定性。注意，在生成器的输出层和判别器的输入层不使用 BN 层。

（3）在生成器中除输出层使用 Tanh 激活函数外，其余层全部使用 ReLU 激活函数。在判别器中，除输出层外所有层都使用 LeakyReLU 激活函数来防止梯度稀疏。这一点已在上面的基础 GAN 中使用。

DCGAN 的生成器网络架构图如图 18-4 所示。

---

① 论文网址为 https://arxiv.org/abs/1511.06434。

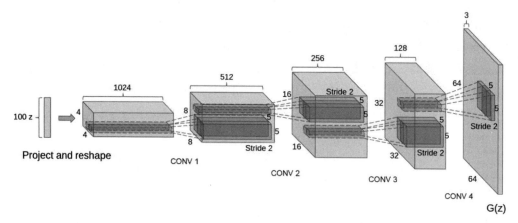

图 18-4　DCGAN 的生成器网络架构图

DCGAN 代码的输入部分和训练部分与 18.2 节的实例代码一致，这里重点关注模型。DCGAN 的生成器代码如下。

```python
#定义生成器
class Generator(nn.Module):
    def __init__(self):
        super(Generator, self).__init__()
        self.linear1 = nn.Linear(100, 256*7*7)
        self.bn1 = nn.BatchNorm1d(256*7*7)
        self.deconv1 = nn.ConvTranspose2d(256, 128,
                                          kernel_size=(3, 3),
                                          padding=1)
        self.bn2 = nn.BatchNorm2d(128)
        self.deconv2 = nn.ConvTranspose2d(128, 64,
                                          kernel_size=(4, 4),
                                          stride=2,
                                          padding=1)
        self.bn3 = nn.BatchNorm2d(64)
        self.deconv3 = nn.ConvTranspose2d(64, 1,
                                          kernel_size=(4, 4),
                                          stride=2,
                                          padding=1)

    def forward(self, x):
        x = F.relu(self.linear1(x))
        x = self.bn1(x)
        x = x.view(-1, 256, 7, 7)
        x = F.relu(self.deconv1(x))
```

```
         x = self.bn2(x)
         x = F.relu(self.deconv2(x))
         x = self.bn3(x)
         x = torch.tanh(self.deconv3(x))
         return x
```

在以上生成器代码中，首先使用全连接层将随机正态分布输出到 256×7×7 个单元，并调整成(256, 7, 7)的形状。这样做是为了将此输出作为下面反卷积层的输入。卷积网络会提取图片特征，使得图片越来越小，厚度（channel）越来越大，反卷积的生成网络与卷积网络类似，不过是反过来的。所以，这里将 Linear 层的输出调整成(256, 7, 7)的形状，以便使用 nn.ConvTranspose2d 放大到真实图片大小(1, 28, 28)。代码中还使用了 3 层反卷积，其中第 2、3 层都通过设置 stride 为 2 对输入特征放大。

DCGAN 的判别器代码如下。

```
# 定义判别器
class Discriminator(nn.Module):
    def __init__(self):
        super(Discriminator, self).__init__()
        self.conv1 = nn.Conv2d(1, 64, 3, 2)
        self.conv2 = nn.Conv2d(64, 128, 3, 2)
        self.bn = nn.BatchNorm2d(128)
        self.fc = nn.Linear(128*6*6, 1)

    def forward(self, x):
        x = F.dropout2d(F.leaky_relu(self.conv1(x)), p=0.3)
        x = F.dropout2d(F.leaky_relu(self.conv2(x)), p=0.3)
        x = self.bn(x)
        x = x.view(-1, 128*6*6)
        x = torch.sigmoid(self.fc(x))
        return x
```

判别器是一个我们比较熟悉的卷积分类模型，不同的是，它含弃了卷积网络的池化层，使用 stride 改变图像大小，并且使用 leaky_relu 函数激活。在判别器中使用了 Dropout，这是 GAN 训练的一个技巧。通常来说，判别器要比生成器更容易训练，为了防止判别器训练得过于强大而不能与生成器产生对抗，可通过添加 Dropout 降低判别器精度，避免过拟合。在 DCGAN 中一般使用较小的学习速率进行训练。

```
device = "cuda" if torch.cuda.is_available() else "cpu"
gen = Generator().to(device)
dis = Discriminator().to(device)
loss_fn = torch.nn.BCELoss()  # 损失函数
```

```
d_optimizer = torch.optim.Adam(dis.parameters(), lr=1e-5)
g_optimizer = torch.optim.Adam(gen.parameters(), lr=1e-5)
```

经过 20 个 epoch 的训练，DCGAN 生成的效果图如图 18-5 所示，其生成效果要比基础 GAN 好很多。

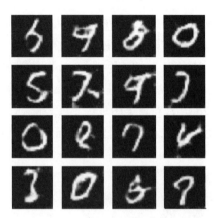

图 18-5　DCGAN 生成效果图

GAN 的训练并不容易，需要对超参数耐心地调试。GAN 的训练目标在于使生成器和判别器产生对抗，这也是生成对抗网络的这个名称的来源。这种对抗体现在损失的变化中，那就是 D_loss 和 G_loss 的上下振荡，D_loss 上升，则 G_loss 下降；G_loss 上升，则 D_loss 下降，如图 18-6 所示是一个比较正常的 GAN 训练损失变化曲线。

```
In [16]:  plt.plot(range(1, len(D_loss)+1), D_loss, label='D_loss')
          plt.plot(range(1, len(D_loss)+1), G_loss, label='G_loss')
          plt.xlabel('epoch')
          plt.legend()
          plt.show()
```

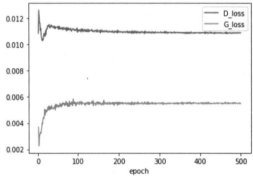

图 18-6　GAN 训练损失变化曲线

在训练中期望的是两个损失交错震荡，与图 18-6 一样，而不是出现某个损失一直下降的情况。读者可以通过参考损失的变化情况来指导模型训练。例如，如果看到 D_loss 在一直下降，而 G_loss 在不断上升，则说明两个模型没有产生对抗，判别器 D 过强了，这时可通过削弱判别器来进行优化训练。

18.4　本章小结

本章讲解了 GAN 的原理，并带领读者实现了基础 GAN 和 DCGAN。2016 年以来，GAN 热潮席卷了 AI 领域顶级会议，从 ICLR 到 NIPS（神经信息处理大会），从学术界到工业界，大量高质量论文被发表和探讨，各种形式的 GAN 被提出。作为生成模型，GAN 的应用场景十分广泛。相比其他生成模型，如变分自编码器（variational auto-encoders，VAE）、自回归模型等，GAN 的设计更加灵活，可以逼近一些不是很容易计算的目标函数。总之，GAN 为无监督学习提供了一个强有力的算法框架，可以广泛应用在图像、视频、自然语言和音乐等数据的生成和修改上。GAN 还可以建立与强化学习之间的联系，应用在强化学习上，无论在学术领域还是工业界，GAN 带来的想象空间巨大，很值得读者去思考和探索。

19 chapter

第 19 章

目标检测

本书前面的章节讨论了图像分类、图像定位、图像语义分割和图像生成等问题。本章将介绍目标检测的内容，重点介绍什么是目标检测、常用目标检测的算法、如何使用 PyTorch 的目标检测模块处理目标检测任务、如何使用 torchvision 预训练目标检测模型在自行标注的图片上进行训练等内容。

19.1　什么是目标检测

所谓目标检测（object detection），就是回答图片里面有什么对象、对象分别在哪里的问题。不同于简单图像定位模型，目标检测可以同时识别多个目标的位置和类别。图 19-1 是一张典型的目标检测算法输出图片，这是来源于 TensorFlow object detection API 的一张示例图片，它用边界框（bounding box，bbox）框出了图片中的风筝和人等目标的位置，并标明了其类别和置信度。

通过图 19-1 所示的示例图片可以看出，目标检测包含以下两个任务。

（1）判定图像上有无目标，都有哪些目标对象。

（2）判定图像中目标对象的具体位置。

目标检测和图像分类最大的区别在于，目标检测需要做更细粒度的判定，不仅要判定是否包含目标对象，还要给出各个目标对象的具体位置。目标检测能够在单个图像中定位和识别多个对象，这是计算机视觉的核心挑战之一，它是很多计算机视觉任务的基础，不论实现图像与文字的交互还是识别精细类别，它都可以提供可靠的信息。目标检测依然是计算机视觉领域最重要的研究课题之一，具有极为广泛的应用。典型的目标检测应用场景如下。

（1）人脸识别。人脸识别是基于人的面部特征进行身份识别的一种生物识别技术，通过采集含有人脸的图像或视频流，自动检测和跟踪人脸，进而对检测到的人脸进行识别，通常也叫作人像识别、面部识别。近年来，人脸识别技术已经取得了长足的发展，目前广泛应用于公共安全、交通、支付等多个实际场景。

图 19-1　典型的目标检测算法输出图片

（2）智慧交通。智慧交通是目标检测的一个重要应用领域，主要包括交通流量监控、车道占用检测、肇事车辆跟踪，以及基于对道路、车辆以及行人检测的自动驾驶等。

（3）工业检测。工业检测是计算机视觉的另一个重要应用领域。近年来，人工智能已经逐步进军工业质量检测行业，并且取得了初步进展。人工智能在工业领域的可行性、落地性已经在工业领域各场景中得到了证实。

（4）智能视频监控。智能视频监控通过在监控系统中增加目标检测模块，过滤视频画面中无用的或干扰信息、自动识别不同对象，分析抽取视频源中关键有用信息，快速准确地定位事故现场，判断监控画面中的异常情况，并以最快和最佳的方式发出警报或触发其他动作，从而有效地进行事前预警、事中处理、事后及时取证。

（5）人机交互。传统人机交互是通过计算机键盘和鼠标进行的，为了使计算机具有识别和理解人的姿态、动作、手势等能力，目标检测技术是关键。

（6）虚拟现实。虚拟环境中 3D 交互和虚拟角色动作模拟直接得益于人体运动视频分析的研究成果，可给参与者更加丰富的交互形式，人体跟踪分析是其关键技术。

（7）医学诊断。目标检测在超声波和核磁序列图像的自动分析中有广泛应用，由于超声波图像中的噪声经常会淹没单帧图像中的有用信息，使静态分析十分困难，通过目标检测和跟踪技术利用序列图像中目标在几何上的连续性和时间上的相关性，可以得到更准确的结果。

（8）其他诸多领域。目标检测还应用在数字识别、指纹识别、车牌识别、农产品虫害识别、病理检测等多个领域。

19.2 常用目标检测算法

目标检测算法根据算法流程可分为 one-stage（单阶段）和 two-stage（两阶段）两种。所谓 two-stage，指的是先通过某种方式生成一些备选框（region proposal），然后对备选框里的内容进行分类，并修正备选框的位置的方法。由于包含了 region proposal 和 detection 两个步骤，因此称为 two-stage。与之相对的是 one-stage，与 two-stage 不同，one-stage 的思路是直接对图像进行各个位置上的候选框的预测和分类，不需要预先生成一些备选框。以 YOLO 和 SSD 等方法为代表的就是 one-stage。

两种方式各有各的特点，two-stage 检测的精度要高一点，但是检测速度稍慢；one-stage 检测的精度稍逊色，但是换来了速度，其速度比 two-stage 快很多。接下来介绍几种常用的目标检测算法。

1．R-CNN

R-CNN 是最早利用 CNN 实现目标检测任务的算法，由 Ross Girshick 等人提出。这里的 R 指的是 Region（区域），R-CNN 即"Regions with CNN features"，是指对不同的区域进行 CNN 特征提取和分类。

鉴于 CNN 在整图分类任务中的优异性能，很自然的想法是将其应用于目标检测领域，将 CNN 强大的数据驱动的特征提取能力迁移到比整图分类更细致和复杂的任务中。R-CNN 的思路相对容易理解，它主要有以下几个步骤。

（1）通过选择性搜索（selective search，SS）算法筛选一些备选的区域框，即备选框。

（2）将这些备选框缩放到指定尺寸，用于输入 CNN 进行分类。其目的在于通过训练 CNN，得到每个备选框的定长特征向量。

（3）用每个备选框中提取的特征向量训练支持向量机（SVM）分类模型，得到最终的分类结果。

（4）利用非极大值抑制（non-maximun suppresion，NMS）方法对最终得到的 bbox 进行筛选。

（5）分类完成后，对 bbox 进行回归，修正 bbox 中坐标的值，得到更精确的 bbox。

R-CNN 在 SS 过程中需要花费较多时间，且对每个 proposal 都要过一遍 CNN，因此效率较低。基于 R-CNN 的一些问题和缺陷，后面的方法对其做了不同程度和不同方向的修正，从而形成了以 R-CNN 为源头的一条清晰的研究线路。

2. Fast R-CNN

Fast R-CNN 是 Ross Girshick 在对 R-CNN 进行改进的一篇文章中提出的，影响力也比较大。R-CNN 的基本思想是用 region proposal 的特征映射作为其特征向量，然后进行分类与 bbox 精调。但是 R-CNN 需要对每个 proposal 进行卷积操作得到特征向量，这样大大降低了检测效率。Fast R-CNN 在 R-CNN 基本思想不变的情况下，只对原图做一次卷积操作得到全图特征，然后把每个区域投影到这个特征上去，得到区域的特征映射。Fast R-CNN 提出了 ROI pooling 的结构，将最终的 SVM 分类去掉，直接做成端到端的一个网络结构。

3. Faster R-CNN

Faster R-CNN 是何凯明等人在 2015 年论文[①]中提出的目标检测算法，该算法在 2015 年的 ILSVRV 和 COCO 竞赛中获得了多项第一。Faster R-CNN 在 Fast R-CNN 的基础上又进行了改进。主要的改进点是利用 RPN 网络代替了 SS 生成备选框，使得目标检测速度大大提高。另外，还引入了 anchor 的概念，anchor 方法在后面的模型中也一直被沿用了下来。Faster R-CNN 由于可以端到端低进行，无须 SS 提前准备备选框，因此可以达到近实时的速度。Faster R-CNN 是经典的 two-stage 目标算法，感兴趣的读者可以研读其论文。

4. YOLO

YOLO（you only look once）是一种基于深度神经网络的对象识别和定位算法，其最大的特点是运行速度很快，可以用于实时系统。

YOLO 的优点如下。

（1）速度快，处理速度可以达到 45fps（frames per second），其快速版本（网络较小）甚至可以达到 155fps。

（2）泛化能力强。

（3）背景预测错误率低。

YOLO 作为 one-stage 算法的缺点如下。

---

① 论文网址为 https://arxiv.org/pdf/1506.01497.pdf。

（1）精度低，小目标和邻近目标检测效果差，小对象检测效果不太好（尤其是一些聚集在一起的小对象），对边框的预测准确度不是很高，总体预测精度略低于 Faster R-CNN。

（2）YOLO 与 Faster R-CNN 相比有较大的定位误差，与基于 region proposal 的方法相比具有较低的召回率。但是，YOLO 在定位识别背景时正确率更高，而 Fast-R-CNN 的假阳性很高。

5. SSD

发表于 ECCV-2016 的 SSD 是继 Faster R-CNN 和 YOLO 之后又一个杰出的目标检测算法。与 Faster RCNN 和 YOLO 相比，它的识别速度和性能都得到了显著的提高。SSD 结合了 YOLO 中的回归思想和 Faster R-CNN 中的 anchor 机制，使用全图各个位置的多尺度区域特征进行回归，既保持了 YOLO 速度快的特性，也保证了窗口预测精度与 Faster R-CNN 一样高。但是 SSD 也有一些缺点，如网络中预选框的基础大小和形状需要手工设置，而网络中每一层特征使用的预选框的大小和形状不一样，导致调试过程非常依赖经验，并且 SSD 对小目标的识别效果一般。

目标检测算法当前仍在快速发展中，有很多新的目标检测算法如 RetinaNet、Mask R-CNN、FCOS 或已有算法的新版本被开发出来，读者可自行关注了解。

19.3　PyTorch 目标检测模块

PyTorch 的目标检测模块由 torchvision 提供，模块包含常见的对象检测、实例分割和关键点检测的预训练模型，读者可在 torchvision.models.detection 模块下找到。此模块提供在 COCO train2017 实例集上训练的相关目标检测模型，主要包括以下模型。

- ☑　Faster R-CNN。
- ☑　FCOS。
- ☑　Mask R-CNN。
- ☑　RetinaNet。
- ☑　SSD。
- ☑　SSDlite。

这些预训练的目标检测模型是在 COCO 数据集上训练的，COCO 的全称是 Common Objects in Context，是微软团队提供的一个可以用来进行图像识别的数据集。COCO 数据集是可用于目标检测、语义分割和图像标题生成的大规模数据集。它有超过 33 万张图像（其中的 22 万张是有标注的），包含 150 万个目标、80 个目标类别（如行人、汽车、大象等），91 种材料类别（如草、墙、天空等）。

torchvision.models.detection 模块中的预训练模型均是在 COCO 数据集上训练的，它们会返回包括背景在内的 91 个类别，下面的代码用列表的形式定义了这些类别。

```
COCO_INSTANCE_CATEGORY_NAMES = [
    '__background__','person','bicycle','car','motorcycle','airplane',
    'bus','train','truck','boat','traffic light','fire hydrant','N/A',
    'stop sign', 'parking meter', 'bench', 'bird', 'cat', 'dog', 'horse',
    'sheep', 'cow', 'elephant', 'bear', 'zebra', 'giraffe', 'N/A',
    'backpack', 'umbrella', 'N/A', 'N/A', 'handbag', 'tie', 'suitcase',
    'frisbee', 'skis', 'snowboard', 'sports ball', 'kite', 'baseball bat',
    'baseball glove', 'skateboard', 'surfboard', 'tennis racket',
    'bottle', 'N/A', 'wine glass', 'cup', 'fork', 'knife', 'spoon', 'bowl'
    'banana', 'apple', 'sandwich', 'orange', 'broccoli', 'carrot',
    'hot dog', 'pizza', 'donut', 'cake', 'chair', 'couch', 'potted plant',
    'bed', 'N/A', 'dining table', 'N/A', 'N/A', 'toilet', 'N/A', 'tv',
    'laptop', 'mouse', 'remote', 'keyboard', 'cell phone', 'microwave',
    'oven', 'toaster', 'sink', 'refrigerator', 'N/A', 'book', 'clock',
    'vase', 'scissors', 'teddy bear', 'hair drier', 'toothbrush'
]
```

为了让读者了解如何直接应用目标检测预训练模型，下面在 VOC 2012 数据集上做目标检测的预测演示。

VOC 是 Visual Object Classes 的简称（网址为 http://host.robots.ox.ac.uk/pascal/VOC/），它是一套检测和识别标准化的数据集，可以说是该类数据集的开山之作，后续的很多数据集都是在此基础上的扩展。目前应用最广的是 VOC 2007 和 VOC 2012 数据集。

为了方便将预测结果转换为具体的类别，创建一个索引与名称的字典，使用字典推导式，代码如下。

```
index_to_name = dict((i, name) for i, name
                in enumerate(COCO_INSTANCE_CATEGORY_NAMES))
```

然后加载预训练模型，使用 resnet50_fpn 作为主干（backbone）构建的 Faster R-CNN 预训练模型，代码如下。

```
# 加载预训练的目标检测模型
model=torchvision.models.detection.fasterrcnn_resnet50_fpn(pretrained=True)
model.eval()                          # 设置为预测模型，这一点非常重要
```

加载代码中需要设置参数 pretrain=True，这样运行此行代码时自动下载在 COCO 数据集上训练好的权重，权重文件将被下载到用户文件夹的 ".cache\torch\hub\checkpoints"目录中。如果读者的网络下载有困难，也可以复制下载中提示的网址，使用浏览器或下载器自行下载，然后将下载好的权重文件放到上面提到的保存目录中，这样模型在加载时，将优先加载本地的权重。

本节要直接使用这个预训练的模型做预测，所以需要将模型设置为预测模型，这一点非常重要。现在模型已经加载好了，接下来读取单张图片并可视化预测结果，代码如下。

```
# 读取单张图片并绘图
from PIL import Image
pil_img = Image.open(r'VOC2012\JPEGImages\2007_000027.jpg')
np_img = np.array(pil_img)
print(np_img.shape)                    # 输出图像的形状，返回：(500, 486, 3)
# 将图片绘图查看
plt.figure(figsize=(8, 8))
plt.axis('off')
plt.imshow(np_img)
plt.show()
```

运行代码后读取并显示图片，如图 19-2 所示。

图 19-2　VOC 数据集中的一张图片

如果要对这张图片进行目标检测，首先要进行预处理。主要包括以下 3 个方面的处理转换。

（1）归一化，图片的取值范围要规范到 0～1。

（2）图片要设置为 PyTorch 接收的形式，即通道在第一个维度上，图像的形状为 (channel, height, width)。

（3）图片输入的类型为 torch.float32。

可以用下面一行代码实现这些预处理转换。

```
# 图片预处理
tensor_img = torch.from_numpy(np_img/255).permute(2, 0, 1).
type(torch.float32)
```

至此，模型和数据都准备好了，可以调用模型进行预测。加载 fasterrcnn_resnet50_fpn 模型时，要求调用的输入是列表的形式，可以将多张处理好的图片放在列表中交给模型预测，多张图片的大小不必统一。在这里仅有单张图片，也要放在列表中，模型预测的代码如下。

```
# 模型预测，注意 model 调用的参数是一个图片的列表，model 可以同时预测多张图片
pred = model([tensor_img])
print(pred)
```

预测结果 pred 是一个列表，输出如下。

```
[{'boxes': tensor([[171.1222,  96.3882, 350.8735, 353.2258],
      [285.1453,227.4010,356.4423,354.1352],
      [280.1121,234.7828,376.4440,362.2069]],grad_fn=<StackBackward0>),
 'labels': tensor([ 1, 41, 36]),
 'scores': tensor([0.9999, 0.2098, 0.0660], grad_fn=<IndexBackward0>)}]
```

如何理解这个预测结果呢？预测结果 pred 是一个列表，这与输入图片列表对应。每张图片的预测结果是列表中的一个字典，这个字典有 3 个 key，如下所示。

☑　labels 表示预测的对象类别，这里显示 tensor([1, 41, 36])，表示预测到 3 个类别，分别是第 1 类、第 41 类和第 36 类。

☑　scores 表示置信度，它对应 labels 中类别的预测概率。例如，这里预测结果显示第 1 类的置信度为 0.9999。

☑　boxes 表示预测对象的位置，与 labels 一一对应，预测结果显示这 3 个对象的位置。

观察 scores 中 3 个对象的置信度会发现，后面两个对象的置信度分别是 0.2098 和 0.0660，这是非常低的概率，因为置信度的取值为 0～1，有必要通过设置一个置信度阈值对预测结果过滤。一般来说，置信度阈值应设置为不小于 0.5，如设置为 0.6。下面对预测结果进行过滤，代码如下。

```
# 先提取当前图片的预测结果
boxes = pred[0]['boxes']
labels = pred[0]['labels']
scores = pred[0]['scores']
# 设置一个置信度阈值，对预测结果进行过滤
threshold = 0.5
filter_index = scores > threshold          # 得到布尔类型的索引
boxes = boxes[filter_index]                 # 布尔过滤
labels = labels[filter_index]
# 根据 index_to_name 获得实际的预测对象名称
labels = [index_to_name.get(str(idx.item())) for idx in labels]
```

现在已经提取了预测结果，使用 torchvision.utils.draw_bounding_boxes()方法可以将预测的 bbox 边框和标签以及原图结合起来生成新的预测图，下面使用 Matplotlib 绘图查看，代码如下。

```
img = torch.from_numpy(np_img).permute(2, 0, 1)   # 原图先转为 PyTorch 张量
# 将预测 bbox 边框和标签以及原图结合起来生成新的预测图结果
result = torchvision.utils.draw_bounding_boxes(img, boxes, labels)
# 预测结果绘图可视化
plt.figure(figsize=(8, 8))
plt.axis('off')
plt.imshow(result.permute(1, 2, 0).numpy())
plt.show()
```

执行上面代码，显示的图片目标检测结果如图 19-3 所示。

图 19-3　图片目标检测结果

从图 19-3 中可以看到，模型正确地检测出图片中的人物，并标注了人物的位置。以上便是直接使用 torchvision 的目标检测预训练模型进行预测的完整过程，读者可以自行尝试预测更多的图片。

使用预训练模型可以检测 COCO 数据集中训练到的 90 个类别对象，如果读者需要检测的对象类别不在其中，那就需要自行标注对象图片并训练模型了。

19.4　目标检测的图像标注

要训练自有图片，需要先对自有图片做标注。目标检测对象的标注可以使用 labelImg 库，下面使用 pip 安装 labelImg 库，安装命令如下。

```
# Anaconda Prompt 命令行中执行安装，注意 labelImg 中的字母 i 是大写的
> pip install labelImg
```

安装完成后，在命令行中输入 labelImg 即可打开 labelImg 的编辑界面，如图 19-4 所示。

```
> labelImg
```

图 19-4　labelImg 编辑界面

下面以飞机和湖泊卫星图像二分类数据集为例做标注的演示，标注卫星图像中的飞机和湖泊的位置和类别。在 labelImg 编辑界面中单击左上角的 Open 按钮打开一张图片，

然后单击左侧下方的 Create RectBox 按钮，在图片上沿着目标对象的边缘画一个矩形框，如图 19-5 所示。

图 19-5　labelImg 标注图片示例

如图 19-5 所示，画完矩形框后会弹出 labelImg 对话框，输入其类别名称（即标签），单击 OK 按钮完成对单个对象的标注。如果有多个对象，可再次单击 Create RectBox 按钮继续标注。图像标注完成后，单击 labelImg 编辑界面左侧中间的 Save 按钮，将标注文件保存到硬盘即可完成整个标注过程。

读者注意观察会发现，保存的文件是以.xml 为后缀的。本章后面会从这个标注文件解析位置信息和类别，解析方法与第 13 章是相同的。后缀为.xml 类型的标注文件是 Pascal VOC 格式的，labelImg 还可以标注为 YOLO 等需要的格式，单击左侧的 Pascal VOC 按钮可以切换标注的文件格式。

至此，读者已经学会了如何标注单张图片，可以单击左侧的 Open Dir 按钮打开一个图片文件夹，依次标注整个文件夹中的图片。

19.5　使用自行标注数据集训练目标检测模型

下面用自行标注的飞机和湖泊卫星图像做一个目标检测模型，目的是输入卫星图像，模型可以标注图像中对象的类别和位置。飞机和湖泊的卫星图像均不在预训练的 COCO 数据集的 90 个类别中，因此有必要专门训练一个目标检测模型。根据 19.4 节讲到的标注方法，标注 10 张图片（5 张飞机卫星图、5 张湖泊卫星图）作为训练集。

　　本节代码将会使用 torchvision 提供的一些辅助训练和评估的脚本，这些脚本的正常运行需要安装 pycocotools 库，读者在 Linux 或者 MacOS 平台上可通过 pip 命令安装，安装命令如下。

```
# Anaconda Prompt 命令行中执行安装
> pip install pycocotools
```

　　在 Windows 平台，读者可从 GitHub（网址为 https://github.com/gautamchitnis/cocoapi）下载安装文件，解压后，从 Anaconda Prompt（miniconda）命令行中切换到 cocoapi-master\PythonAPI 路径下，执行下面的安装命令，即可完成 pycocotools 在 Windows 平台的安装。

```
> python setup.py build_ext install
```

　　target 数据是 XML 类型的文件，解析这些文件会用到 lxml 库，第 13 章已经介绍过。如果读者没有安装过 lxml 库，可使用 conda 安装。

　　为了简化数据输入和训练的代码，torchvision 提供了一些目标识别的辅助脚本，读者需要下载并放在本节代码相同的文件夹中，GitHub 下载地址为 https://github.com/pytorch/vision/tree/main/references/ detection。

　　本节将会使用到 util.py 和 engine.py，需确保这两个 Python 文件已放在程序当前路径，以便导入和使用。

　　首先导入相关的库，代码如下。

```
import torch
import torch.nn as nn
import torch.nn.functional as F
from torch.utils import data
import numpy as np
import matplotlib.pyplot as plt
import torchvision
from lxml import etree
import glob
from PIL import Image
import utils
from engine import train_one_epoch
```

　　然后需要处理输入，为了使用方便，计划将全部预处理过程放在构建的 Dataset 中，第 9 章已经演示，重点看 target 的处理。在解析 XML 文件之前要明确的是，target 的形式与常见的图像分类和图像语义分割的 target 并不相同，与前面预测的结果类似，目标检测中每张图片对应的标签是一个字典，这个字典有两个 key：labels 和 boxes，分别对应这张图片中的对象类别和类别所在的位置，因此在创建输入 Dataset 时，需要解析 XML 文件并构建成字典返回。自定义的 Dataset 代码如下，注意注释说明。

```python
# 首先定义标签与索引的两个对应字典，这里标注了两个类别分别是 airp 和 lake
label_to_index = {'airp': 1, 'lake': 2}
index_to_label = {1: 'airp', 2: 'lake'}

# 下面定义输入 Dataset
class My_dataset(data.Dataset):
    def __init__(self, img_paths, labels):
        self.imgs = img_paths            # img_paths 表示训练图像的列表
        self.labels = labels             # labels 表示对应的标注文件列表

    def __getitem__(self, index):
        # 读取输入图片并预处理
        img_path = self.imgs[index]
        pil_img = Image.open(img_path)
        pil_img = np.array(pil_img)
        tensor_img = torch.from_numpy(pil_img/255).permute(
                                2, 0, 1).type(torch.float32)

        # 打开并解析 XML 文件
        label_path = self.labels[index]
        xml = open(label_path).read()                    # 读取 XML 文件
        sel = etree.HTML(xml)                            # 创建 HTML 选择器
        objects_num = len(sel.xpath('//object'))         # 获取全部对象个数
        # 解析全部对象的类别名称
        label_names = sel.xpath('//object/name/text()')
        # 解析全部对象的边框位置
        xmin = sel.xpath('//object/bndbox/xmin/text()')
        ymin = sel.xpath('//object/bndbox/ymin/text()')
        xmax = sel.xpath('//object/bndbox/xmax/text()')
        ymax = sel.xpath('//object/bndbox/ymax/text()')
        boxes = []                          # 每个对象的位置数据放入此列表
        label_idxs = []                     # 每个对象的类别数据放入此列表
        # 根据对象个数编写循环，依次将位置数据和类别数据放入定义的列表
        for i in range(objects_num):
            boxes.append([int(xmin[i]), int(ymin[i]), int(xmax[i]),
                        int(ymax[i])])
            label_idxs.append(label_to_index.get(label_names[i]))
        boxes = torch.as_tensor(boxes, dtype=torch.float32)   # 类型转换
```

```
        label_idxs = torch.as_tensor(label_idxs, dtype=torch.int64)
        target = {}                          # 创建空字典
        target["boxes"] = boxes              # 添加 boxes 数据
        target["labels"] = label_idxs        # 添加 labels 数据
        return tensor_img, target

    def __len__(self):
        return len(self.imgs)
```

以上创建 Dataset 的代码虽然比较长，但是很简明，主要就是读取和预处理图片、解析 XML 文件并构建 target。相信读者在学习了第 13 章后再理解这些代码是比较容易的。

接着初始化 Dataset，代码如下。

```
# 获取图片和标注的列表，如果顺序不对应，可按照文件名排序，以确保是对应的
images = glob.glob(r'train\*')               # 获取图片列表
xmls = glob.glob(r'2_class\anno\*.xml')      # 获取标注文件列表
# 初始化 Dataset，创建 dataloader
BATCH_SIZE = 2                               # 批次可设置得小一些,以免显存溢出
dataset = My_dataset(images, xmls)
dl = data.DataLoader(dataset,
                     batch_size=BATCH_SIZE,
                     shuffle=True,
                     collate_fn=utils.collate_fn)
```

至此，输入部分全部处理好了。下面加载预训练的目标检测模型。直接加载的模型是在 COCO 数据集上训练的，它的输出是包含背景在内的 91 个类别，现在要在我们自定义的数据集上训练，需要根据当前数据集的类别数修改其输出。需要注意的是，模型输出类别数等于当前对象个数加 1，因为背景也是包含在输出类别数中的。

```
# 导入 FastRCNNPredictor，以便根据当前输出类别数创建新的输出层分类器
from torchvision.models.detection.faster_rcnn import FastRCNNPredictor
# 加载预训练的目标检测模型
model = torchvision.models.detection.fasterrcnn_resnet50_fpn
(pretrained=True)
# 定义类别数，类别数 = 对象类别个数 + 背景
num_classes = 3
# 获得输出层输入特征的大小
in_features = model.roi_heads.box_predictor.cls_score.in_features
# 使用新的输出层替换模型原有的输出层
model.roi_heads.box_predictor = FastRCNNPredictor(in_features,
num_classes)
device = "cuda" if torch.cuda.is_available() else "cpu"
model = model.to(device)
```

模型修改完毕，初始化优化器并设置学习速率衰减策略，代码如下。

```
# 获取可训练参数列表
params = [p for p in model.parameters() if p.requires_grad]
# 初始化优化器
optimizer = torch.optim.SGD(params, lr=0.005, momentum=0.9,
weight_decay=0.0005)
# 设置学习速率衰减策略
lr_scheduler = torch.optim.lr_scheduler.StepLR(optimizer,
                                               step_size=3,
                                               gamma=0.5)
```

接下来就可以开始训练了，直接调用从 engine.py 导入的 train_one_epoch 方法执行训练，代码如下。

```
num_epochs = 15   # 训练15个epoch
for epoch in range(num_epochs):
    # 训练1个epoch
    train_one_epoch(model, optimizer, dl, device, epoch, print_freq=10)
    lr_scheduler.step()
```

训练输出如下。

```
Epoch: [0]  [0/5]  eta: 0:00:48  lr: 0.001254
        loss: 1.0752 (1.0752)  loss_classifier: 0.9198 (0.9198)
        loss_box_reg: 0.1513 (0.1513)  loss_objectness: 0.0010 (0.0010)
        loss_rpn_box_reg: 0.0031 (0.0031)  time: 9.7019  data: 0.0092
Epoch: [0]  [4/5]  eta: 0:00:09  lr: 0.005000
        loss: 0.7385 (0.7616)  loss_classifier: 0.5814 (0.5911)
        loss_box_reg: 0.1513 (0.1633)  loss_objectness: 0.0020 (0.0029)
        loss_rpn_box_reg: 0.0040 (0.0043)  time: 9.7368  data: 0.0102
Epoch: [0] Total time: 0:00:48 (9.7386 s / it)
Epoch: [1]  [0/5]  eta: 0:00:47  lr: 0.005000
        loss: 0.4128 (0.4128)  loss_classifier: 0.2574 (0.2574)
        loss_box_reg: 0.1435 (0.1435)  loss_objectness: 0.0062 (0.0062)
        loss_rpn_box_reg: 0.0057 (0.0057)  time: 9.5880  data: 0.0040
Epoch: [1]  [4/5]  eta: 0:00:09  lr: 0.005000
        loss: 0.4361 (0.5052)  loss_classifier: 0.3221 (0.3332)
        loss_box_reg: 0.1445 (0.1657)  loss_objectness: 0.0014 (0.0036)
        loss_rpn_box_reg: 0.0011 (0.0027)  time: 9.6717  data: 0.0044
Epoch: [1] Total time: 0:00:48 (9.6721 s / it)
…
…
```

以上输出中显示了分类损失、回归框的损失以及总损失，不难发现总损失在下降，经过 15 个 epoch 的训练，笔者代码中显示的总损失下降为 0.140 左右。

接下来输入一张图片来测试训练好的模型。需要特别注意的是，需要将测试模型先设置为预测模式，代码如下。

```
# 测试模型务必要设置为预测模式
model.cpu().eval()
# 随机选择一张未参与训练的图片
img_path = r'airplane\airplane_060.jpg'
# 读取图片
pil_img = Image.open(img_path)
pil_img = np.array(pil_img)
tensor_img = torch.from_numpy(pil_img/255).permute(2, 0, 1).
type(torch.float32)
# 使用模型预测
pred = model([tensor_img])
# 解析预测结果
threshold = 0.5                    # 设置阈值，如果训练不充分，阈值可设置小一些
boxes = pred[0]['boxes']
labels = pred[0]['labels']
scores = pred[0]['scores']
pred_index = scores > threshold
boxes = boxes[pred_index]
labels = labels[pred_index]
labels = [index_to_label.get(idx.item()) for idx in labels]
                              # 类别索引转换为标签
# 绘制检测后的图片
pil_img = torch.from_numpy(pil_img).permute(2, 0, 1)
# 参数 width 设置绘制的 bbox 线宽，font_size 设置标签文件大小
pil_img = torchvision.utils.draw_bounding_boxes(pil_img,
                                                boxes,
                                                labels,
                                                width=3,
                                                font_size-300)
pil_img = pil_img.permute(1,2,0).numpy()
plt.figure(figsize=(6, 6))
plt.axis('off')
plt.imshow(pil_img)
plt.show()
```

执行上面的预测代码，目标检测模型的预测输出如图 19-6 所示。

还可以多选几张图片预测测试，能看到如图 19-7 所示的预测输出。从这些输出来看，尽管我们仅仅使用了 10 张训练图片，模型依然能比较好地检测出其中的对象和位置。如

果读者希望继续提高精度，可尝试使用更多的训练数据。

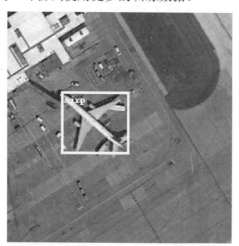

图 19-6　目标检测模型的预测输出

图 19-7　模型预测输出的几个示例

19.6　本　章　小　结

　　本章讲解了目标检测及其应用，并简单介绍了常见的经典目标检测算法，如果读者希望深入了解目标检测深度学习算法的技术细节，可研读相关的文章和论文。目标检测算法相对来说要复杂一些，当前各种新算法也是层不出穷，但模型之间有很强的延续性，大部分模型算法都是借鉴之前模型的思想。如果读者有意研究这个方向，学习和理解这些经典模型、经典论文是非常有益的。

　　另外，本章重点为读者演示了如何使用 PyTorch 的目标检测模块处理目标检测任务、如何使用 torchvision 预训练模型在自行标注的图片上进行训练等。这些代码和演示综合使用到了本书前面讲解的基础内容，这是一个很好的总结。不仅如此，在处理目标识别任务上，读者也可以直接借鉴本章的演示。

参 考 文 献

[1] Lecun Y, Bottou L. Gradient-based learning applied to document recognition[J]. Proceedings of the IEEE, 1998, 86(11): 2278-2324.

[2] Dumoulin V, Visin F. A guide to convolution arithmetic for deep learning[J]. 2016.

[3] Srivastava N, Hinton G, Krizhevsky A, et al. Dropout: A Simple Way to Prevent Neural Networks from Overfitting[J]. Journal of Machine Learning Research, 2014, 15(1): 1929-1958.

[4] Rumelhart D E, Hinton G E, Williams R J. Learning Representations by Back Propagating Errors[J]. Nature, 1986, 323(6088): 533-536.

[5] Simonyan K, Zisserman A. Very Deep Convolutional Networks for Large-Scale Image Recognition[J]. Computer Science, 2014.

[6] He K, Zhang X, Ren S, et al. Deep Residual Learning for Image Recognition[J]. IEEE, 2016.

[7] Szegedy C, Liu W, Jia Y, et al. Going Deeper with Convolutions[J]. IEEE Computer Society, 2014.

[8] Huang G, Liu Z, Laurens V, et al. Densely Connected Convolutional Networks[C]// IEEE Computer Society. IEEE Computer Society, 2016.

[9] Long J, Shelhamer E, Darrell T. Fully Convolutional Networks for Semantic Segmentation[J]. IEEE Transactions on Pattern Analysis and Machine Intelligence, 2015, 39(4): 640-651.

[10] Ronneberger O, Fischer P, Brox T, U-Net: Convolutional Networks for Biomedical Image Segmentations[C]. arXiv preprint arXiv: 1505.04597, 2015.

[11] Mikolov T, Chen K, Corrado G, et al. Efficient Estimation of Word Representations in Vector Space[J]. Computer Science, 2013.

[12] Pennington J, Socher R, Manning C. Glove: Global Vectors for Word Representation[C]// Conference on Empirical Methods in Natural Language Processing. 2014.

[13] Lipton Z C, Berkowitz J, Elkan C. A Critical Review of Recurrent Neural Networks for Sequence Learning[J]. Computer Science, 2015.

[14] Cho K, Merrienboer B V, Gulcehre C, et al. Learning Phrase Representations using

RNN Encoder-Decoder for Statistical Machine Translation[J]. Computer Science, 2014.

[15] Kingma D, Ba J. Adam: A Method for Stochastic Optimization[J]. Computer Science, 2014.

[16] Kim Y. Convolutional Neural Networks for Sentence Classification[J]. Eprint Arxiv, 2014.

[17] Goodfellow I J, Pouget-Abadie J, Mirza J, et al. Generative Adversarial Networks[C]. arXiv preprint arXiv: 1406.2661, 2014.

[18] Radford A, Metz L, Chintala S. Unsupervised Representation Learning with Deep Convolutional Generative Adversarial Networks[J]. Computer ence, 2015.

[19] [美]弗朗索瓦·肖莱, Python 深度学习[M]. 张亮, 译. 北京: 人民邮电出版社, 2018.

[20] [美]山姆·亚伯拉罕, 丹尼亚尔·哈夫纳, 埃里克·厄威特, 等. 面向机器智能的 TensorFlow 实践[M]. 段菲, 陈澎, 译. 北京: 机械工业出版社, 2017.